曝光与白平衡100法

【日】玄光社　编著
贾勃阳　译

中国摄影出版社
China Photographic Publishing House

目 录 | CONTENTS

photographer　No. 2 鹤卷育子

photographer No.3 萩原史郎

photographer No.4 萩原和幸

Gallery

跟专业摄影师学习用光技巧

各类专业样片展示

曝光与白平衡是控制光影效果的两大要素。通过这些调整可以使摄影画面呈现出各种细致入微的光影表现。通过本篇的介绍，我们要向专业摄影师们学习用光技巧以及各种创作理念。

各项拍摄数据的含义：

8-16mm（12.8mm）光圈优先曝光（F11，1/2秒）　ISO：100　WB：日光　WB 微调（B3、G2）-0.1EV　模特：0000

拍摄用镜头　　　　曝光模式　　　　快门速度值　　　　白平衡模式　　　　　曝光补偿值

35mm 全画幅等效焦距　　　光圈值　　　　感光度　　　　白平衡微调值　　　　模特姓名

河野铁平

Photographer-1

100mm（100mm），手动曝光（F2.8，1/500 秒），ISO：200，
WB：自动，WB 微调（A3，G2）

为了增强画面的通透性，特意处理成曝光过度的感觉，同时让画面中多些暖色系。

17-40mm（17mm），光圈优先 AE（F10，1/250 秒），ISO：400，WB：4500K，WB 微调（B3，G3），+1.7EV
将画面处理成曝光过度的感觉，把白平衡调整为泛青的色调，有助于表现开阔的视角。

17-40mm（30mm），程序式 AE（F10，1/400 秒），ISO：400，WB：自动，+0.3EV

对于明暗差异较大的画面来说，适度的增加曝光可以将暗部提亮，避免出现"死黑"的情况。

21mm（42mm），光圈优先 AE（F11，1/200 秒），ISO：200，WB：日光，WB 微调（B5，G3），+1EV

雨后的机场上空仍残留着灰色的云层，为了突出雨云的质感，特意调成了偏绿及偏青的色调。

鶴巻育子

Photographer-2

28mm（56mm），光圈优先 AE（F4，1/60秒），ISO：800，WB：日光，+1EV

半逆光状态下拍摄的儿童照片，加光处理有利于表现细嫩的肌肤，而日光模式下的色调很理想。

35mm（70mm），光圈优先 AE（F3.2，1/50 秒），ISO：400，WB：荧光灯，+0.7EV

如果画面中白色物体较多时，应采用加光补偿。虽然百合花花瓣中略带粉色，但是将白平衡调为荧光灯模式后，花瓣反而会显得更加纯白，比起本身真实的色调更加耐看。

萩原史郎 Photographer-3

24-105mm（50mm），光圈优先 AE（F11，5 秒），ISO：200，WB：日光，+1EV

加光补偿的目的是强调从林间斜射而来的阳光，而白平衡选择日光模式是为了让溪流显出偏青的色调。

10-22mm（20mm），光圈优先 AE（F16，20 秒），ISO：200，WB：阴天，+1EV

为了还原夕阳西下的美景，特意做 +1EV 的加光处理，同时将白平衡改为阴天模式，使画面增添了橙色色调。

18-55mm（36mm），光圈优先 AE（F5.6，1/40秒）；ISO：400，WB：自动，-0.7EV

散落的红叶飘浮在幽静的湖水之中，-0.7EV 的减光处理有助于表现湖水与落叶的质感。

萩原和幸

Photographer-4

50mm（50mm），手动曝光（F2.2，1/800秒），ISO：200，WB：手动，模特：果夏

为了使人像不过多地受周围绿色的影响而选择了手动设定白平衡，
这样才能突出清新人像的肤色表现。

50mm（50mm），手动曝光（F1.8，1/100秒），ISO：200，WB：自动，模特：沟口惠

拍摄全身人像时必须考虑到主体与背景的平衡感，并且保证让人物处于视觉的中心。

50mm（50mm），手动曝光（F2.5，1/20秒），ISO：800，WB：手动，模特：沟口惠

拍摄室内环境人像时结合钨丝灯发出的暖色调，手动设定白平衡来营造宁静的氛围。

Basic

了解曝光与白平衡控制相关的基础知识

只有掌握了基础知识才能拍出理想的效果

在实际拍摄当中，曝光控制与白平衡控制涉及许多摄影方面的相关知识，很难用一句话来解释清楚，本章将采用化整为零的方式分解其中的难点。大家可以通过具体的图例来了解其中的要素，记住其特征，从而更加轻松地掌握这些基础知识。

摄影·解说

河野铁平

曝光的含义

▶ 曝光与正常曝光

光量的摄入给画面带来的影响

所谓"正常曝光"是指照相机拍下来的画面与人们用肉眼观察事物的亮度及色彩基本一致。如果光量摄入过多的话，会造成画面过度明亮；相反，光量摄入过少的话，会造成画面过暗。在摄影领域里，前者被称作"曝光过度"，后者被称作"曝光不足"。

曝光过度

正常曝光

曝光不足

曝光的基本要素与正常曝光

想要学习摄影的话，恐怕"曝光"这个词汇是我们最为耳熟能详的了。简而言之，曝光是摄影中亮度控制的专用词汇。

现代照相机均配备专门的测光元件用于测量光量的变化，这样才能保证拍摄成功。也可以理解为测光就是为曝光服务的。所以说"照相机决定了进光量就控制了照片的成功"这种说法是有道理的。

这种控制照片亮度的方式被定义为曝光。而曝光的基本意义也正在于此。从照相机的基础构造看来，在镜头内配备了一种被称作"光圈"的机构，它由多枚叶片组成，可以通过调节通光孔径的大小来控制进光量。而进光量的多少则以"F值"为单位作精确的计算，F值越大，代表光圈通光孔径越小。也就是说F值数值大一级，相应的通光孔径就小一级，通光量也随之减少，那么想获得更多的进光量就必须延长进光的时间，而控制时间的机构被称作"快门"。除此之外，还有表示感光元件对光线敏感程度的"感光度"。以上构成了曝光有关的三个要素。

下面还要再解释一下"正常曝光"的概念。简单地说，就是让照相机经曝光处理后得到的照片呈现出最适合的亮度，如果达到这一目标就意味着得到了正常曝光。照片上显示的亮度应该基本符合我们用肉眼看到的景象，通常用照相机拍照时都以得到正常曝光为目的。

这一组照片的曝光量完全相同，而仔细观察便会发现其画面表现还是有很大差异。很明显，F值越小，虚化效果越强；而快门速度越慢，画面中的动体越呈现出虚化及重叠的影像。

ISO400　F4　1/60 秒　　ISO400　F8　1/15 秒　　ISO400　F11　1/8 秒

光圈值固定不变的曝光组合

这一组照片是在光圈值固定的情况下作比较的，由于感光度的调节而使快门速度随之发生改变。效果很明显，感光度越高，快门速度就越快，有利于凝固快速移动的物体。其不利的因素是高感光度下噪点增多，画质低下。

ISO800　1/500 秒　F8　　ISO400　1/250 秒　F8　　ISO200　1/250 秒　F8

正常曝光与三要素的搭配组合

前文中已经提到每张照片的曝光都离不开"光圈""快门速度""感光度"这三项基本要素的搭配组合。这三种要素可以通过不同的搭配组合呈现出完全不同的画面效果。从例图中可以看出，F值越大，则快门速度越慢，而在相同曝光量的前提下，F值变小后相应的快门速度就可以变快。也就是说在画面亮度相同的情况下，理论上讲可以生成许多种不同数值的搭配组合。

很显然，虽然多种搭配组合都可以保持相同的曝光量，但每张照片在曝光之外的表现却存在很大的差异。比如说调节光圈可以控制画面的虚化效果，F值越小，画面的虚化效果越强。对于快门速度而言，越快的速度越有利于拍摄快速运动的物体。而感光度是照相机内的感光元件与光

线强弱所对应的调节功能。将感光度调高的话，就意味着即使光线较弱也可以获得正常的曝光量。换句话说，相当于高感光度时可以选用更快的快门速度拍摄，以提高拍摄的成功率，同时还可以保持F值不变。但是高感光度也有弊病存在，那就是容易使画面产生更多的噪点而影响画质。

综合以上三要素的特性，在实际拍摄中可以多多尝试不同数值下的搭配组合，并在拍摄中积累经验，针对不同的场景发挥出每种要素的特长所在。

测光方式的种类

多区分割测光方式

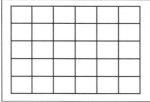

　　此种方式是将画面分割成多个区域，让测光元件针对多个区域的亮度做出综合测光，不同厂商的称谓也不一样，亦被称作"评价测光"或"分区测光"。这种方式应用范围很广，应该说适用于大多数场景，可以很客观地测出曝光量。

中央重点测光方式

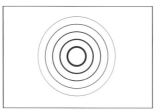

　　如图所示，此种方式是以画面中央区域为主的测光方式。以中央区域内的测光值为准，测光准确性以同心圆的方式从中心到外围依次减弱。对于大部分以中央位置为主体的取景构图来说，这绝对是一种简单易用的测光方式。

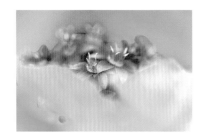

点测光方式

　　此种方式比中央重点测光方式还要集中，是专门针对画面中的局部区域做出精确测光。这样可以做到专门对圆点内的对象测光，而不受其周围光线及亮度的影响。点测光范围仅限于取景画框的中央圆圈位置上。

画面中的亮度分布与测光方式的选择

　　通常情况下，我们拍照片时会按照这样的顺序来做，即先把焦距调好，然后就可以按下快门完成曝光了，可这时的曝光量到底是怎样的光圈快门组合呢？现代相机内部几乎都内置了"反射式测光装置"，即各种被摄对象反射而来的光会被这种测光元件所接收，将各部分的测光数据平均计算而得出被摄对象表面的亮度。这种方式被定义为"测光"，是以被摄对象最亮的部分到最暗的部分的反射率平均值约18%的色调为基准的。每一次测光操作都是以这样的数值作测光依据。

　　所以说，"把测光交给相机完成"，这样就可以根据测光值对光圈、快门速度及感光度进行搭配组合。但是，对画面中的每个位置测光的结果是不同的，于是就涉及下面要说的"测光方式"。目前最常见的测光方式便是对画面整体作综合测光的多区分割测光方式。大家在通常情况下都会把此种方式作为测光的首选模式。其他的测光方式如以画面中央区域为重点的中央重点测光方式，以及针对画面中特定的局部区域作精准测光的点测光方式，在不同情景下也都有用武之地。以上几种方式在不同品牌或不同型号的相机中或许称谓不同，但效果是一致的，应该在使用之前先熟悉自己相机的设置。

AF 对焦点对测光的影响

对焦点在眼前树枝的场合

对焦点在远处对岸的场合

　　如果将对焦点放在眼前较暗的树枝上，这就意味着相机内测光会优先计算此处的平均亮度，由于要照顾到局部的亮度差异，就会导致画面整体曝光会偏亮些。

　　如果将对焦点转向远处对岸的位置上，而此时自动对焦的区域处于画面中偏亮的区域，那么机内测光的结果会以远处的曝光为准，最终会导致眼前的树枝偏暗。

AE 锁的使用方法

AE 锁未启用

AE 锁启用后

　　以中央重点测光为例，测光区域与对焦点不连动时，其测光值仅以中央部分区域为准，这样的话，如果被摄对象不在中央区域时，便不可能得到准确的曝光。

　　开启 AE 锁的好处在于即使构图需要移开测光区域，也可以保持按已经测得的数值曝光，这样就可以保证被摄主体始终都保持按原有的测光值来曝光。

测光的操作要点与 AE 锁的使用

　　想要了解测光方式的特性，不能不提到一项非常重要的特性，即测光方式与 AF 对焦点的联动机制。AF 对焦点的概念很好理解，指的是自动对焦功能对某一区域合焦后的清晰点。而此操作恰恰在多数情况下与测光区域构成连动机制。特别是拍明暗差异较大的场景时尤为明显，一旦 AF 对焦点确定后，测光亦随之优先考虑同样的区域。这样的话，会导致如果对焦点在暗部区域的话，测光值会使画面整体随之变亮；反之，对焦点落在亮部区域时，测光值会使画面整体暗下去，甚至导致原来暗的区域出现"黑死"的现象。这种情况尤其在多区分割测光方式下更容易出现。而中央重点测光方式一般不受 AF 对焦点的影响，仅以画面中央区域亮度为曝光基准。对于点测光来说，有些机型是支持与 AF 对焦点连动的，如果不连动的话，测光区域则仅限于中央圆点之内。针对这些特征，大家首先要弄清楚自己相机的测光方式及对焦点设置。

　　下面再谈谈自动曝光锁定（AE 锁）的应用，使用它最大的好处是可以将某一位置的曝光值固定下来，即锁定功能。有些机型还可以同时锁定对焦点（即 AF 锁），使之产生连动机制。这样的话，在半按快门对焦的同时，即可锁定对焦点和曝光值。有些机型则具备独立的 AE 锁，专门用于锁定曝光值。此种功能的最大好处，莫过于可以随意改变构图，而不会影响画面整体的曝光值。

了解曝光补偿

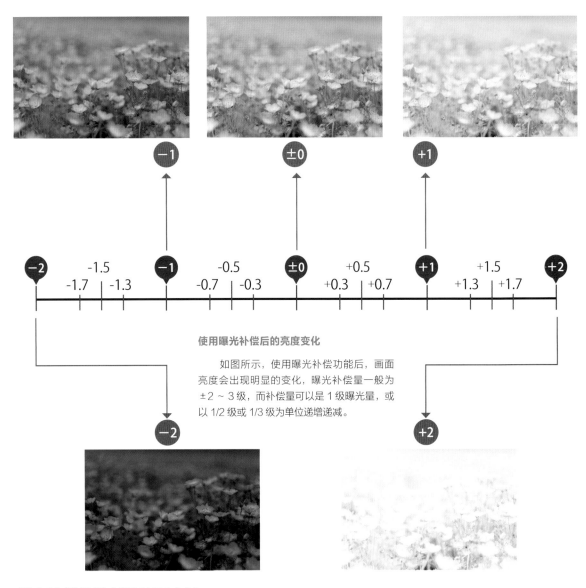

使用曝光补偿后的亮度变化

如图所示,使用曝光补偿功能后,画面亮度会出现明显的变化,曝光补偿量一般为±2~3级,而补偿量可以是1级曝光量,或以1/2或1/3级为单位递增递减。

曝光补偿的特征及使用方法

所谓曝光补偿功能,是一种靠人工调整自动曝光量以达到控制画面亮度的有效手段,是使用频率相当高的功能之一。其操作方法非常简单,只需调整相应的数字或挡位,便可以实现控制画面亮度的目的。标记符号和数学一样,往"+"挡调节会依次增加亮度,"−"挡的话会依次减弱亮度。通常把前者称为"加光补偿",后者被称为"减光补偿"。

严格地讲,曝光补偿功能并不是拍摄过程中的基本要素,而是自动曝光功能的附加功能。前文中已经提到,曝光量是光圈、快门速度与感光度三要素的搭配组合来确定的。

在实际应用中,针对相机测出的曝光值,如果采用加光补偿,就意味着增加了通光量,那么相对于原来机内测得的曝光量来说,照相机会做出快门速度变慢、光圈开大或者感光度提高等相应的自动调整,这样才能达到增加亮度后的曝光值。

此项功能之所以简单易用,是因为它可以通过直观的数值调整来实现曝光量的调整。熟练使用此功能,有助于我们随时随地对摄影画面做出调整。

黑色物体使用减光补偿

当照相机面对黑色物体时，会判断此物体是过暗的，自动曝光会增加曝光量，这样画面就会偏亮。所以想要还原黑色物体时应该用减光补偿。

使用曝光补偿后的亮度变化

对于逆光拍摄而言，加光补偿效果更好。这样做不仅可以使眼前的人物亮度得到提升，而且加光补偿后背景中的景物也会随之加亮而得到正常的色彩还原。

白色物体使用加光补偿

面对大面积白色物体时，照相机会自动判断此物体属于过亮范围，那么自动曝光时会减少曝光量，使画面发暗。想正确还原白色物体时必须用加光补偿来应对。

曝光补偿的应用及其与正常曝光的关系

通过曝光补偿功能可以使画面越来越亮，或者越来越暗，其实这种调节功能的最大作用在于能让画面更加接近正常曝光。这是因为光量自动曝光容易产生严重的误判。

举例说明，对于以特白或特黑的被摄对象组成的画面来说，这种现象的发生尤为突出，自动曝光的结果会造成画面过暗或过亮。而应用曝光补偿功能的话，对白色的被摄对象采用加光补偿，对黑色的被摄对象采用减光补偿后，可以得到接近正常曝光的效果。而逆光拍摄时也会遇到同样的情况。因为逆光拍摄时背景非常明亮，这样自动曝光的结果会导致眼前的主体过于昏暗。由此可见，曝光补偿功能的应用可以有效地调整画面的亮度，使之还原为正常曝光的效果。

在这里有必要重申一下正常曝光的含义。对于正常曝光的解释，应该是摄影师根据主观看来"最适合的曝光"来确定画面的亮度。由此看来，照相机自动曝光的结果并不能保证张张都是正常曝光，对于一些特殊场景来说，会产生很大的出入。所以自动曝光并不意味着"标准曝光"，只是机内测光外加运算得出的曝光量而已。如果我们对自动曝光的结果不满意时，就要靠曝光补偿功能来完善画面效果了。

曝光补偿的表现力

暗调的表现力

使用减光补偿后，画面整体的调子暗了下来。图中悬垂的金属挂件在暗淡的画面中会浮现出一股历史的沧桑感。

亮调的表现力

使用加光补偿可以为画面整体带来明快的氛围。对于草原上成片盛开的花朵来说，亮调的画面有助于表现其顽强的生命力。

曝光值与拍摄模式的关系 ▶

自动曝光拍摄模式主要有以下三种，首先是可以自由调节光圈值的光圈优先曝光模式，其次是可以自由调节快门速度的快门优先曝光模式，还有一种是程序式曝光模式。在这几种模式下，都可以通过使用曝光补偿功能来调节曝光量，从而控制画面亮度。

在手动曝光模式下，各个要素都允许手动调节。比较而言，它的调节范围比曝光补偿的幅度宽广，所以对于画面亮度有特殊要求时更适合用手动模式。

对很白的主体来说，使用光圈优先曝光模式 +2EV 曝光补偿可以得到满意的亮度。而

在手动模式下，还可以在此基础上再实现 +2EV 的曝光量，也就是说可以得到高出标准曝光 +4EV 级别的高亮画面。

加光补偿的注意事项

加光补偿的意义在于让传感器接收比通常的曝光量更多的光线，也就意味着会使用相对较慢的快门速度来拍摄（使用快门优先曝光时除外）。以本照片为例，使用较慢的快门速度时更容易出现手抖的情况。

为增强画面表现力而使用曝光补偿

顾名思义，曝光补偿功能的应用在于摄影师可以结合主观意愿，对画面的亮度加以控制。从前面的例图中我们看到，在自动曝光的基础上，可以通过曝光补偿功能来帮助实现准确的亮度表现，除此以外，其实还可以通过它来增强画面的表现力。

举例说明，如果画面中的主体色彩很丰富的话，不妨采用加光补偿，这样做的结果是画面色彩明快而柔美，更好地烘托出清新的氛围。反之，如果画面中有强烈反光的物体时，用减光补偿的话反而会强调那种光泽感的存在，这样做最适合还原金属制品的质感。

由此，我们可以得出结论，曝光补偿功能不仅能在自动曝光不准时调节曝光量，还可以为增强画面的表现力服

务。可以想象，如果熟练运用此功能，肯定会为摄影创作带来帮助，从而大幅提高影像的表现力。谈到这里有必要给大家解释一下影调的概念。对摄影画面的亮度及色彩趋向评判时经常会提到亮调或暗调。亮调也称为高调，指画面整体亮度高且色彩饱和度高时，加光补偿容易得到亮调照片；而暗调也称作低调，与亮调相反，画面整体暗淡且色彩单调时，减光补偿容易得到暗调照片。而暗调照片尤其适合那种以黑色或棕色为主的表现历史厚重感的题材。

诚然，曝光补偿的应用技巧务必要符合照片的表现主题，熟练使用此功能定会为今后的创作带来很大帮助。

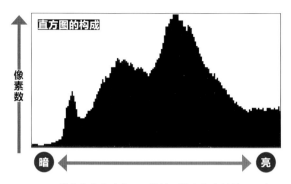

横轴代表亮度范围，纵轴则代表像素的数量。查看照片时，如果周围环境过亮或机背液晶屏难以看清楚时，观察直方图的信息即可判断照片的曝光情况。

作为照片回放的一种模式，养成拍摄之后随即观察直方图的习惯，可以有效减少失误的发生。如天空部分显示大片的黑色，即代表"死白"的区域，一般会通过闪动的方式进行警告。

如果画面中以暗调的成分为主，直方图的区域会明显偏向左侧，也预示着有"死黑"区域存在。

画面中以明亮成分为主时，直方图的区域明显集中在右侧位置。同时表示有若干"死白"区域存在。

所谓低对比度是指画面中明暗差异很小的状态，此时直方图的特征是山峰横轴到达最大值。

高对比度的特征是画面的明暗差异很大，甚至出现"死白"与"死黑"的现象。从直方图的形状看，横轴明显窄得多。

通过直方图来确认曝光值

众所周知，在拍摄过程中有多项设置都会影响曝光值，但是拍摄之后的照片能否符合摄影师拍摄之前的预想呢？直方图就是一种有效确认照片曝光值的利器。直方图不仅包含像素数量，还在横轴方向从右至左依次显示亮部和暗部区域的分布情况，在回放照片时可以一目了然。而曝光值通常会以像素数量堆出的山峰形状表现出来，假如它偏向横轴的右侧，则代表亮调照片的特性；反之如果偏左的话，则代表暗调照片的特性。除此以外，如果画面中有过亮的"死白"区域或者有过暗的"死黑"区域出现时，也可在图中找到对应显示，即最右端纵向有像素残留，就代表画面中有"死白"的区域，而最左端纵向有像素残留的话，画面中肯定会有"死黑"的区域存在。换句话说，如果横

轴的最左最右两端没有像素残留，就代表画面中没有"死白""死黑"的区域存在。不仅如此，通过直方图的信息还可以判断画面对比度的情况。这一点可以通过整个山峰所占横轴的幅宽来判断画面对比度的高低。

在回放照片时，其中有一种显示警告提示画面的方式，可以准确地显示出"死白"（或"死黑"）区域的位置，便于调整取景与构图。而闪动与反白（或反黑）的显示方式可起到很好的警示作用，推荐大家都使用这种模式。

"死白""死黑"现象与动态范围调整

如图所示，出现"死黑"现象会导致画面层次缺失，而表现力不足。特别是在大晴天阳光直射的条件下更容易出现在阴影位置，形成"死黑"的区域。

产生"死白"的区域多数是与太阳邻近的天空或浮云等，其形成原因还有环境造成的反光等，当然还包括加光补偿的原因。这种情况下画面同样没有层次。

动态范围调整示意图

OFF

ON

ON 标准

ON 加强

通过调整动态范围，可以使画面中的暗部区域增加亮度，对于亮度区域来说，有抑制亮度并增强细节的作用。可从弱到强实现多挡调节，画面的对比度亦随之改变。

用动态范围调整来控制画面的反差

所谓动态范围调整，指的是调整曝光的宽容度，从而控制画面反差。其可调整的宽容度范围非常广，因此，可以有效地减少"死白"或"死黑"现象的发生。如果宽容度不够的话，便很容易引发"死白"或"死黑"现象的产生，所以在拍摄之初对曝光值的准确度判断提出了更高的要求。

然而，动态范围调整的宽容度的大小却与影像传感器的尺寸大小与种类有直接的关系。传感器的尺寸越大，宽容度越好，越不容易出现"死白"或"死黑"的现象。基于这个原因，我们在选择照相机时不要一味地强调像素数量与解像度，而是要尽量选择传感器尺寸大的机型。

目前的数码相机大都具备动态范围调整功能，有些机型更是具备"多挡调节"功能。一般是由弱到强可以实现3挡调节，可以有效地减少"死白"或"死黑"现象的发生，尤其适用于那些自动曝光不准的高反差场景。对于动态范围的称谓，不同品牌或型号的相机的叫法可能会有所区别，事实上，其操作原理和方法都是相同的，所以，在拍照之前，有必要先了解照相机的功能设置。

适合动态范围调整的画面

未调整

采用加光补偿

加光补偿 + 动态范围调整

由于是在逆光状态下拍得的照片，所以画面中的人物主体曝光不足。

采用了加光补偿后，眼前的人物主体提亮了许多，但由于背景也同时提亮了，所以背景中出现了"死白"区域。

为了把人物主体提亮，采用了加光补偿，并在此基础上，启用了动态范围调整，使背景保持正常曝光。这种功能的组合适合处理反差强烈的画面。

不适合动态范围调整的画面

动态范围调整 ON

动态范围调整 OFF

拍摄某些逆光场景时，可能会出现剪影的效果，如果在此基础上开启动态范围调整的话，势必会提高暗部细节，这样反而会削弱画面的表现力。

如果不启用动态范围调整的话，逆光拍摄会让礁石呈现出剪影状态。而对于黄昏时段的海景来说，这样的画面更加真实，有利于烘托画面的主题。

动态范围调整的注意事项

动态范围调整最大的优势在于可以减少画面反差，防止"死白"或"死黑"的出现。但是在实际应用中还存在一些注意事项。其中首先要注意到的是动态范围调整功能不能扩大画面本身的宽容度。由于宽容度的范围在拍摄之前就已确定了，不可能在拍摄之后再发生改变。动态范围调整的方式更像是在使用曝光补偿功能。所以在实用中不可操之过度，如果将明暗反差调节过大的话，使得画面失真，看起来很不自然。特别是在使用加强挡时，必须慎重考虑。尤其是有些场景可能更适合用剪影效果来突出质感，这时，如果将画面处理成没有明暗反差的话，反而会弄巧成拙。

此外，使用动态范围调整时还有一个特点，它对阴影区域的补偿效果明显，而对高光区域的抵制能力有限。针对这一特征，在遇到高亮画面时应以高光区域的曝光为基准作调整，而遇到暗黑画面时应以暗部区域为准做出补偿，这样结合画面本身的特征做出相应的补偿，效果才更加自然。

就传感器的宽容度而言，也符合暗部层次多而亮部层次少的特征。所以当"死白"的区域出现时，往往难以纠正回来，甚至无法操作，而对"死黑"的区域加以补偿，可以恢复的细节层次明显会多些。

Technique 2
白平衡的含义

▌什么是白平衡?

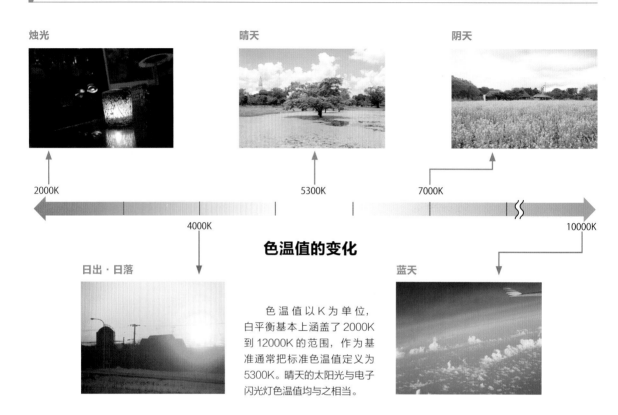

烛光

晴天

阴天

2000K

5300K

7000K

4000K

色温值的变化

10000K

日出·日落

蓝天

色温值以K为单位，白平衡基本上涵盖了2000K到12000K的范围，作为基准通常把标准色温值定义为5300K。晴天的太阳光与电子闪光灯色温值均与之相当。

色温值的变化与特性

纵观我们周围的大千世界，即使有时候用肉眼难以察觉，但周围的各种东西是会随着时间的推移而发生色彩变化的。恐怕人们印象最深的就是夕阳西下的时刻，那时所见的风景都会被暖黄色所笼罩。从这一点不难理解，光源的变化或天气的变化都会带来色彩的变化。即使在同一时段里，晴天时和阴天时的色彩还原差异很大，而在荧光灯或白炽灯的照射下色彩也都不一样。从以上现象可以得出一个结论：因为光的温度不同，所以被摄对象色彩产生了差异。总体来说，光的温度越高，就越呈现出青色调；光的温度越低，就越呈现出橙红色调。而这种光的温度指的是"色温"，单位符号用K（凯尔文）来表示。如此说来，日落时分周围的风景都被染红了，也就证明了此时色温值

处于非常低的状态。

之所以选用夕阳的例子来说明，是因为人们每天都可以明显看到这种光线的变化。除此之外，天气的影响以及光源的各种改变都会给色温带来很大的影响，只不过人眼的宽容度很大，在很多情况下仅凭肉眼难以区分其色温值的细小差异。在这种情况下拍出来的照片色彩常常会令我们惊异。这是因为人眼的适应性强，而数码相机的传感器适应性差，需要拍摄前对相机进行设置，让传感器对色温的平衡加以修正，这便是调整"白平衡"的含义。

晴天时各种白平衡预设及画面效果

白炽灯模式（约3000-3500K）

日光模式（约5000-6000K）

阴影模式（约7000-8000K）

此种模式下可以明显抑制黄色的产生。其特点是使画面呈现出青色调。如果是在自然光下选用此模式，那么画面整体都会偏向蓝色基调。

也称作太阳光模式，晴天里选用此模式有抑制黄色和红色的作用。虽然色彩还原不是那么亮丽，但画面整体色调会更加真实。

阴影模式下会对青色调有些补偿，而且黄色与红色看起来会更显浓郁，通常选用这种模式时，画面会呈现出一种棕黄色调。

3000K

5300K

8000K

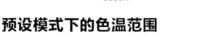

4000K

6000K

预设模式下的色温范围

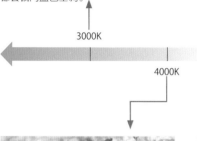

荧光灯模式（约4000K）

自动模式

阴天模式（约6000-6500K）

此模式下色彩变化比较明显，晴天自然光下拍照会让画面呈现偏青偏红的基调。目前新款相机还具有多种荧光灯模式可选。

顾名思义，所谓自动模式便是可以结合拍摄现场的光源状况，由相机自主选择最适合的色温值来匹配。在大多数情况下自动模式还是很准确的。

阴天模式下，青色调会有所补偿，同时黄色调与红色调会比阴影模式有所增加。在阴天里，选用此模式可以得到近似晴天里的色彩还原。

白平衡模式的特征与应用技巧

其实在胶片摄影时期就已经涉及色温补偿的概念，只不过那时需要专门的CC滤镜来作色温调整，除此之外，还可以选择不同规格的胶片来应对，所以操作起来比现在要麻烦得多。而使用现代数码相机，可以很轻松地在菜单里设置白平衡模式或进行白平衡微调，其便捷性当然是不言而喻的。

所谓白平衡的含义，是指"让画面能正常还原出真实的白色"。也就是说要彻底去除杂色以及偏色的现象，从而再现正确的色彩。所以说去除杂色与修正偏色才是白平衡调整中最有意义的两项内容。首先说说预设模式的原理。各预设模式针对不同的场景，结合机内存储的大量数据，得出适合某个色温值的范围，并且在此基础上还允许摄影

师通过微调来实现自己想要的效果。

目前的白平衡预设模式分类越来越细，几乎可以应对各种不同的场景要求。比如选择白炽灯模式后，可以对浓重的黄色和红色加以修正；而选择阴天模式的话，会突出青色调的效果，同时还会对黄色调与红色调有所补偿。

当然，在大多数场合下我们可能都会选择白平衡自动模式（即AWB）。应该说自动模式适用于大多数无特殊要求的场景，基本上都可以得到不错的色彩还原。

什么是白平衡微调？

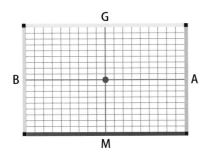

所谓白平衡微调，如图所示，由A-B的横轴与G-M的纵轴组成。在此区间内包含了色调的变化趋向与强弱显示。其中的色彩偏向并不仅限制于轴线之上，与相邻色域组合调整的情况同样存在，这种组合变化理论上可以生成众多的色调效果。

原 图

B（蓝色）加强

加强蓝色调无疑会给整个画面都蒙上蓝色的基调，这种蓝色基调会使画面产生一种清凉通透的感觉。

A（棕色）加强

加强棕色调的果，会使整个画面呈出一种淡淡的棕色调很适合表现黄昏时刻题材，会使画面产生种怀旧的情调。

M（品红）加强

加强品红的强度会使得画面出现粉色调的氛围，并不是想象中的增加红色调，这样会使画面产生温馨且柔和的感觉。

G（绿色）加强

加强绿色会给整画面罩上淡淡的绿色这种色调无疑最适合现树木及大片的绿色被，特别是对地面的偿效果明显。

色温调整与白平衡微调的关系

从目前的数码单反相机来看，在白平衡设置菜单里，除了那些预设模式外，还都具备了色温值手动设定选项，允许摄影师结合自己的创作思想来调节适合的色温范围。这可以说是对预设模式的一种有益补偿，其实用意义是不言而喻的。

在实际应用当中，有一点，对于晴天状态下的色调补偿更具实际意义，即以5300K左右的色温值为基准作出调整。以白炽灯模式为例，即便是以此模式来拍照，可是最终图像并没有形成白炽灯模式下的偏色现象，而是通过色温调整使画面呈现出5300K左右晴天时的色彩还原。色温值的调整会呈现出以下特点，即色温值越高，就越增加黄色调，而色温值越低，越呈现出青色调。这其中要特别注

意的是，画面中的色彩还原与色温值的高低呈反比状态。

在此基础上，白平衡的数值并不是绝对不可更改的，有一种功能可以实施色彩偏向与色域调整，这便是白平衡微调功能。如上图显示，A（棕色）、B（蓝色）、G（绿色）、M（品红）这几种色调可以独立调强弱，也可以组合调节出多种多样的不同色域，从而实现对白平衡的修正功能。

让落日的景象呈现出迷人的色调

阴影模式 +M（品红）

自动模式

面对夕阳西下的场景，选用阴影模式可以加强黄色调的表现，如果在此基础上再将白平衡微调中的品红加强的话，天边便会呈现出美丽的晚霞，整体色调变得十分迷人。

让橱窗内的时装看起来更酷

色温值 4000K+G（绿色）

阴影模式

色温值 4000K

自动模式

将自动模式改成4000K后再拍，整体画面都呈现出偏蓝的色调，看起来更像是单色效果。在此基础上，将白平衡微调中的绿色加强后，时装的色调与质感都发生了变化，无疑这样看起来更酷。

巧用白平衡微调功能提升作品的表现力

通过以上例图，可以得出这样的结论，即用好白平衡模式及白平衡微调功能，可以让摄影师随心所欲，组合搭配出各种各样理想的色调来。比如，可以利用阴影模式或阴天模式下黄色调与红色调偏重的特点，再加上白平衡微调中的品红加强的组合，便可以让画面产生一种偏紫的暖红色调。在拍摄夕阳或晚霞题材时正好可派上用场，用以还原火烧云的色彩是最合适不过的。再比如将色温值降低会给画面带来青蓝的色调，而利用白平衡微调中的绿色加强后，二者的中和会产生出非常独特的色调。这种混合色调对于某些特殊场所或特殊光源下的色彩还原会起到明显的烘托作用，尤其适合表现那种时尚扮酷的主题。

当然，并非所有的组合效果都尽如人意，搭配不当甚至会走向相反的结果。例如在高色温值下，黄色调会显得浓重一些，这时，如果将白平衡微调中的棕色加强，其结果是这种相近色调的加强，会直接导致色温值大范围变更，以至于完全变了颜色。低色温下的组合搭配也同样会出现类似的问题，低色温值外加白平衡微调中的蓝色加强，无疑会使画面蓝成一片而无法校正。要注意白平衡微调中的棕色加强与蓝色加强只适用于轻微的色调调整，而绿色加强与品红加强，可适用的调节范围要大些，调整后的效果也更直观些。

Technique 3

曝光与色调补偿

▶ 什么是色调补偿？

对比度 ▶

　　将对比度调得越高，画面中阴影部位的反差就越大。对比度越高，画面的视觉冲击力越强，但也不能将对比度调得过高，否则易出现"死白"或"死黑"的现象。

対比度低 　　标准 　　对比度高

彩度 ▶

　　简单来说，彩度是显示色彩鲜艳程度的工具。对于色彩丰富、颜色繁多的画面来说，其调节效果就会越明显。这项功能可以说是随着数码摄影的发展而产生的。

彩度弱 　　标准 　　彩度强

饱和度 ▶

　　通过调节饱和度可以改变色彩的属性。其特点是数值越低，红色的基调越明显，数值越高，黄色的基调越明显，会使画面产生明显的偏色。

饱和度低 　　标准 　　饱和度高

色调补偿功能包含哪些具体的调整？

　　现代数码相机除了能调节亮度与色彩之外，还可以将照片按摄影师的构思作出色调的调整，这些与色调有关的调整内容被通称为色调补偿功能。

　　而色调补偿功能当中，与曝光及白平衡设置相关联的两大要素，分别是对比度调整与彩度调整功能。它们使用起来非常方便，可以结合画面的特征作出调整，让图像发生较大的改观。首先来了解一下对比度对照片的影响，它代表着从白到黑的宽容度范围。而将这种范围加强，则意味着对比度高，图像会呈现出高反差的印象。但是在追求高反差的同时，还应注意画面中很容易出现"死白"或"死黑"的现象。

　　再来说说彩度，彩度是衡量色彩鲜艳程度的工具。把此项指标调强会让画面色彩异常艳丽，而过度调弱会让画面失去色彩，甚至会变成黑白的影像。所以彩度的调整要适可而止，千万要防止调整过度，那样只能得到不自然的影像。彩度的调整应以"恰到好处"为理想目标。

　　其他的调整功能，诸如更改色彩属性的饱和度调整，以及画面的锐度调整等，也都属于色调补偿的范畴。而具体操作方式不同厂家的设置存在区别，具体应用时应按照厂家提供的使用说明书或参照菜单内的提示来完成操作。

海报照片多数是明快的印象
对比度高 + 加光补偿 + 彩度强

　　风景题材中有很多照片会用这种组合调整，此类画面的共同特征是拥有高反差，且色彩艳丽，明快的风格会让人们产生心旷神怡的感觉。

浓重色调有利于表现出沧桑感
对比度高 + 减光补偿 + 白炽灯模式

　　对比度高与减光补偿及白炽灯白平衡模式的组合调整，可以让画面整体呈现出浓重的青色调，而正是在这种奇异的色调下沧桑感油然而生。

柔和的画面适合表现宁静感
对比度低 + 加光补偿 + 阴天模式

　　林中即景以暖色系为主，它充满了整个画面，而对比度低与加光补偿及阴天白平衡模式的组合营造出了柔和的画面，凸显出宁静的感觉。

低调的风格符合怀旧的特性
对比度低 + 减光补偿 + 阴影模式

　　减光补偿会使整个画面显得昏暗而阴沉，即使是简洁的构图也仿佛在讲述着时代的故事。将对比度调低有利于再现柔和的光线。

三项补偿功能的组合拓宽影像表现力

　　通过以上例图不难发现，利用对比度调整、曝光补偿调整以及色调补偿模式的变换组合，不仅给画面带来了丰富的色彩变化，更可以大大拓宽其影像表现力。

　　这其中一项重要的调整是来自对比度形成的基调。当对比度调低时，画面整体会呈现出柔和的氛围。在此基础上再作加光补偿的话，会使画面形成恬静柔美的风格，而用减光补偿的话，则会形成复古而低调的风格。

　　至于对比度调节，如果将其调高的话会使整个画面形成反差强烈的硬朗风格。在此基础上把彩度加强并采用加光补偿后，会使整体画面色彩明快艳丽，形成海报宣传画的风格。前提是晴天下的风景色彩还原正常，稍加调整便容易调出夸张的色调。相反，对比度调高加上减光补偿的话，可以让画面生成苍凉的氛围。尤其是画面中带有阴影时更能反映出高反差的效果。白平衡模式也可以大胆变换，尝试不同风格以满足主题表现，比如暖色系很适合营造柔和的场景。

　　在这些调整中，有些要注意的地方，特别是"加光补偿会造成层次缺失"这一说法。因为此操作容易出现"死白"与色彩溢出的现象，而所谓的色彩溢出是指由于色彩鲜艳过度而造成的层次缺失现象。这样的画面会看起来严重失真而不自然，而且这种情况下很容易出现"死白"的区域。所以在运用组合功能调节时，应尽量在容许的范围下作出调整。这个过程中尤其要注意防止"死白"的出现，一旦补偿过度反而会丧失其表现力。

Technique 4
RAW 文件处理

用 RAW 与 JPEG 拍摄的区别

RAW 格式拍摄

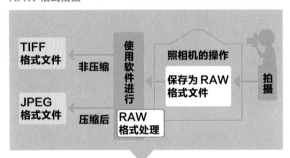

上图在 RAW 文件处理时将色温值有意降低了。而使用 RAW 格式拍摄的优势正是在于可以在后期对图像作出各方面的调整。

JPEG 格式拍摄

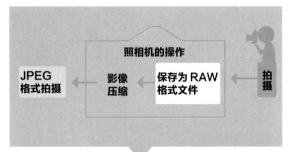

JPEG 格式文件是照相机运算后的最终图像，这意味着图像中的各项指标均由照相机处理过，但缺点是允许后期调整的范围很窄。

JPEG 格式与 RAW 格式后期处理的差异

JPEG 格式与 RAW 格式是当前数码相机所采用的两种主要的图像文件格式。这其中，最为常见的是 JPEG 格式。它的特征是文件体积小，读取的通用性强。而 RAW 格式文件并非最终的图像文件，只是一种"原始格式"的记录。虽说拍摄之后也能在液晶屏上浏览与放大，但其实那只是图像的预览效果。RAW 格式还有一个特点，那就是拍摄后的许多原始数据都记录在其中，RAW 格式并不能直接输出成照片。

下面来谈谈 RAW 格式文件处理的事宜。所谓文件处理是指利用软件来对各项原始数据进行的调整与转换工作。想要处理好 RAW 格式文件还需依靠厂家自带的 RAW 处理软件。其中最主要的操作包括调整曝光量、色温值以及

白平衡等设置。允许拍摄者按照拍摄时的主观创意来调整各项数据，所以说 RAW 格式最大的魅力就在于可以进行无损后期处理。

而 JPEG 格式的特点是文件体积很小，且可保持高画质，就连 RAW 处理后也多数保存为 JPEG 格式。这就是说可以用 RAW 格式拍摄，然后再进行文件处理，最后存储为 JPEG 格式。如果单纯用 JPEG 格式拍摄，最大的优势是体积小，易于存储，而缺点是后期处理时可调整的范围非常有限，即使是经过亮度或色调的简单调节后，也会带来画质的严重损失。

JPEG 文件处理

JPEG 文件在每次处理后保存时都会给画质带来劣化。直观上这种差异可能并不明显，但当比较直方图时，其中的差异一目了然。像素数量的缺失与断线现象十分严重。所以 JPEG 格式的处理结果会发生"不可逆转"的改变。

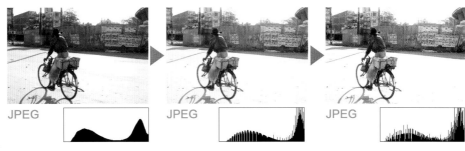

RAW 文件处理

RAW 文件在处理后基本不会给画质带来影响。由于后期处理后多保存为 TIFF 格式，所以经多次处理后文件仍"可逆转"。这是因为 TIFF 文件的信息量依旧庞大，而直方图几乎没有差异。RAW 处理后保存为 JPEG 格式对画质也没影响。

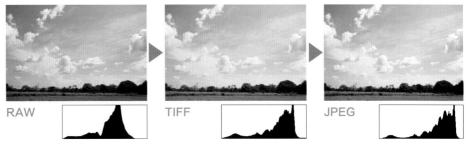

RAW 文件处理

此图虽然是 RAW 文件，但是画面中"死白"的区域很大，几经 RAW 处理均不见成效。其根本原因是原图曝光过度，其高光区域没有数据残留，所以光靠后期也没用。

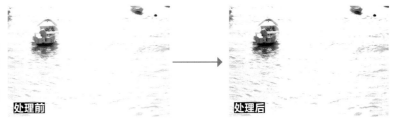

处理前　　　　　　　　处理后

图像后期处理对画质的影响

现代数码照片离不开图像后期处理，这里所说的绝不仅限于 RAW 格式文件处理，还包括专门针对数码后期处理而开发的图像处理软件，可进行各种各样对数码影像的加工与修正。其中的操作除了调整色度与色调等简单处理之外，还包含影像合成技巧、局部替换与修复等比较复杂的处理技巧。而对于 RAW 格式文件来说，其后期处理内容当然不会局限于色度及色调的简单调整，利用专业图像处理软件更可以拓展数码影像的表现力。

通过例图可以看出，JPEG 格式文件经后期处理后，会明显导致画质劣化。尤其是每次处理后保存时，更能发现劣化。所以对于 JPEG 格式文件来说，应该尽量少地做各种处理，以避免每次保存时带来的画质劣化。

如果在拍摄前就预想到后期处理的问题，那么还是推荐用 RAW 格式来记录，只有这样才能保证后期处理过程可随意发挥，而不用担心画质劣化问题。其中，特别是对于白平衡的调整而言，可以尝试多种效果。对于追求画面的色调表现来说，把握了画面的基调就代表控制了影像的表现力。

使用 RAW 格式并不意味着可以不顾前期的曝光控制，对于图像处理软件来说，曝光的调整范围也极其有限。其中最严重的便是对于"死白"区域的处理。即使是用 RAW 格式拍摄也应该做到"宁欠毋过"，数码影像最怕曝光过度。所以一旦出现大片的"死白"区域，往往没有办法校正回来，因为"死白"意味着高光区域无记录信息。虽然每每都提到"最好用 RAW 格式拍"，但务必要控制好曝光量，这样才有可能制作出"最佳的照片"。

机内处理与曲线调整的应用

以上为机内 RAW 处理的实例，实施了 +1EV 的加光补偿，同时在色温值调整时把青色调加强。对于简单的处理功能而言，使用机内处理的便利性不言而喻。

机内 RAW 处理，可以对对比度与彩度的强度作调整。以上实例中，将拍摄时的自动白平衡模式改成了阴天模式，画面的差异是相当明显的。

曲线的基本使用方法是自下至上移动会增加画面亮度。横轴代表调整前的数值，而纵轴会显示调整后的数值。数值的变换范围在 0-255 之间，0 代表最黑而 255 代表最白。

有些机型可以实现机内 RAW 处理功能

提起 RAW 格式文件处理，恐怕大家都会自然而然地联想到在电脑中开启专用的处理软件来操作。而现在有很多数码单反机型，都在机内配备了 RAW 文件处理功能，这就意味着，即使用 RAW 格式拍摄也不必非得使用电脑来进行后期处理，许多功能在机内设置就可以实现了。当然，各厂家不同品牌机型之间的功能与操作方法会有差异，但调整亮度与色调等操作都是具备的，各品牌还会有些独家的滤镜功能，以实现特殊的画面效果，有些还能实现多次曝光功能。应该说，利用机内 RAW 处理的最大好处是立竿见影，可以马上确认处理后的效果。而且机内处理后的影像可以存储起来，在此基础上还可多次修改再保存，这尤其对图像的粗处理很有帮助，可以确定图像的大致效果。

曲线调整的应用技巧

曲线调整是一款调节画面亮度与反差的工具，是影像后期处理中经常会用到的调整方式。目前，在一些新款的数码单反机身内亦内置了此项功能。其使用方法非常简单，按住斜线向上方拉起，可使画面增亮，反之沿 45° 向下方拉伸会使画面变暗。除了整体调整之外，还可对部分画面做出亮度、对比度调整等较为精细的调整，这也显示了其魅力所在。如能充分利用此项功能的话，便可以最大限度地发挥出其强大的功效。

如图所示，将斜线向上方移动，可以使画面增加亮度。同时要注意到下方的输出、输入值都发生了变化。此数据显示已将亮度值 105 上调至 157 处。

在曲线图上可以看出，这次出现多个控制点，代表可以对部分区域实施局部调整。目前的曲线呈字母 S 的形状，表示增强了对比度，反之，如果是反 S 形就是减低对比度。

Techniques

曝光与白平衡
100 法

针对不同题材向四位专业摄影师学习

虽然说摄影的基本操作技法是相同的，但是具体到某个人身上，其表现手段与应用技巧还是有很大差异的。以下对四位专业摄影师不同拍摄题材的作品进行了分类解说，让我们共同分享和学习他们对于曝光控制与白平衡调整的 100 条拍摄心得与处理技巧。

摄影·解说

河野铁平
鹤卷育子
萩原史郎
萩原和幸

各类项目设定与调整的含义

WB 微调……**B3、G2**

曝光补偿 …… **+1EV**

-3　-2　-1　0　+1　+2　+3

色温设定……**日光**

曝光补偿值

以数字来显示曝光补偿量，曝光量的单位称为 EV，无须曝光补偿时可用 ±0 来表示（参照 P26 的图例）。

色温设定

由蓝到红的色带代表色温值的变化范围，而下方箭头所指位置表示当前的色温值，包括预设值或手动值（K）（参照 P33 的图例）。

白平衡微调值

此图示代表白平衡的微调量以及色彩倾向等信息。如果例图中不包含白平衡微调，则不显示（参照 P34 图例）。

在摄影创作过程中逐渐形成
自己的曝光取向

    对于我个人来说，整体上喜欢那种明亮的画面，也就是要让光线充满整个画面，所有的东西都被光线所包围的那种感觉，能从画面中感受到光与热的气氛。

    但是要知道数码相机是最害怕曝光过度的，基于这一特性，我对于亮调照片的拍摄就变得格外小心，每次都会严格控制其曝光量，恐怕造成难以弥补的缺憾。虽然说现在数码摄影变得越来越简单，但这并不代表创作的初衷会发生本质的变化。我认为应当熟练运用我们手中的数码相机，在实际创作中发挥摄影的优势并形成自己的曝光取向。

在摄影创作过程中
将光线的色彩特性焕发出来

    人们经常说可以通过照片的色彩取向来反映出摄影师的个性与审美。也就是说摄影画面的色彩构成好比人的性格特征一样，会让观者感受到。就我个人来说，摄影创作中会依据光线的质感来结合拍摄的主题，希望使光线更富有表现力。比如在较通透的逆光环境下，我会通过蓝色调来尝试变化，而在大晴天时会换成黄色调来表现阳光的强烈，诸如此类，表现手段是多种多样的。在创作中我很喜欢尝试变换不同的白平衡模式，我觉得调整白平衡会对画面的色调及光线质感表现带来全新的感受，这对提高光线的表现力是十分有效的。

河野铁平

**曝光与白平衡
100 法**

01-38

Teppei Kouno / photographer No. 1

40mm（40mm），程序式曝光（F8，1/800 秒），ISO：400，WB：4250K，WB 微调（B5、G3），+2EV

◀ 这张照片便是调整之前的原片。可以看出在顺光条件下拍摄得到了较为浓重的色彩，晴天上午的阳光不是很刺眼。画面整体被浓重的蓝色基调所包围。

曝光补偿……± 0EV

| -3 | -2 | -1 | 0 | +1 | +2 | +3 |

40mm（40mm），程序式曝光（F11，1/600 秒），ISO：400，WB：自动

对各种补偿功能作轻微的调整
再现明快的天空

各种微调的目的都是为了再现自然的情景

本例图的主题是表现开阔且通透的天空，其中涉及多项微调，首先使用了加光补偿，同时将白平衡调向偏青色的范围，这样有利于还原空间的宽阔及轻柔的氛围。要是只靠加光补偿把画面提亮，会减弱色彩浓度，而利用白平衡微调可以有效补偿这种现象。

虽然说把白平衡模式换成白炽灯或荧光灯模式也会给画面带来青色调，而本照片的做法是通过直接改动 K 值，并使用边调整边观察的方式。在此基础上，在白平衡微调中再加上些绿色调，这样使天空的色调发生了微妙的变化，更接近于正午的效果。具体的操作是用 B+G 的组合来调节，这种多种色调的微调，目的是调出更加接近自然效果的色调。

在很多作品中都会出现大面积的蓝天，所以无论是曝光补偿还是白平衡微调功能，都会经常针对它来做调整。就调整而言，其关键在于调整幅度不宜过大，即使是微调也会为画面色调带来很大影响。只要熟悉此操作，大家便可以制作出符合自己创作意图的照片。

通常状态下，我们还是希望能把天空拍得更蓝一些，可事实上，在大晴天里，逆光状态下或者在强烈的斜线光线下，天空会呈现出发白的现象。那么什么时候才能拍出漂亮的蓝色天空呢？比较理想的时间段是在上午顺光条件下拍摄，这个时段的阳光还不太刺眼，天空整体上看起来还是较深的蓝色，即使是适度的加光补偿也不至于使天空变得发白，基本上会保留住蓝天的质感。

本照片的拍摄就是在上午完成的。当时的云层很薄，且在构图时故意将建筑物控制在一个很小的区域，目的就是要再现那明快的天空。如果换作下午拍摄，则肯定不会出现这种光效。类似这样的主题一定要在拍摄之前完成良好的构思，其次是考虑如何通过调整来加以修饰。正所谓有了好的"素材"，才能在此基础上加以完善。

白平衡微调……B5、G3

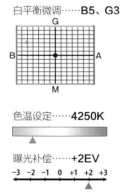

色温设定……4250K

曝光补偿……+2EV
−3 −2 −1 0 +1 +2 +3

02

与预设模式并用
强调海滩上欢快的氛围

各种微调的目的都是
为了再现自然的情景

目前很多数码相机都预设了多种场景模式，按照场景类别选择该模式即可实现自动曝光。就连马赛克模式也被列入其中，其夸张艳丽的色彩加上粗糙像素化的构成，可使画面呈现出一种奇异的感觉。在选择这些模式时，我们依然可以使用曝光补偿与白平衡调整，将这些功能整合并用的话，无疑会带给画面不一样的表现效果。

此照片拍摄于海滨的度假胜地，拍摄位置位于游船上。最初的拍摄动机就是想拍成明信片般的旅游照片，所以选择了预设模式中的"波普色彩"。当然这种模式是支持曝光补偿与白平衡调整的。画面中的天空与海水应突出那种具有凉爽感觉的蓝色，所以在白平衡微调时有意将青色调与绿色调增强。同时，为了增强画面的通透感，采用了加光补偿以增强色彩的鲜艳程度，这样能加强整体的清爽程度。

有一点要特别提醒大家，有些机型在预设模式下不能与其他功能调整并用，可能会出现"自动模式下不能再调整色调"提示。其实，即使有这样的限制，也不该束缚我们的思路，应改用其他方式尝试能否进行辅助调整。对于摄影画面来说，色调会直接影响其表现力，摄影师应该想尽办法来实现自己的构想，并从中享受到拍摄的乐趣。

18mm（27mm），程序式AE（F8, 1/250秒），ISO：200，
WB：4000K，WB 微调（B3、G2），+1.7EV

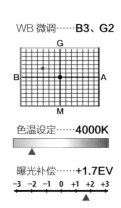

WB 微调……**B3、G2**

色温设定……**4000K**

曝光补偿……**+1.7EV**

明暗反差较大的场景
选对测光方式最为关键

　　本照片的构成元素包括西下的斜阳、拥挤的车道与堵车的状态，只是用长焦镜头截取了其中最有代表性的局部。由于处在日落西山的时段里，温暖发红的阳光已经不那么刺眼了，即使这样，阳光的亮度与街边楼宇的阴影还是形成了很明显的反差。这种场景或许对于每个人来说都属于司空见惯的场景，可能并不会引起人们的关注。为了提高作品的表现力，有意将其做了暗调处理，这样会使照片看起来更加深沉凝重，仿佛是再现电影中的某个镜头。

　　拍好此类照片最关键的一点是控制好测光，换句话说，只要把测光方式选对，就可以轻松再现此类光效。针对这种场合如果采用点测光或中央重点测光，结合此构图，无疑机内测光会以夕阳为重点，那样的话，机内会认定中心过亮而自然形成暗调的照片；如果用点测光对准阴影中的建筑物的话，测光的结果又会导致画面整体曝光过度。所以对于这类明暗反差大的场景而言，似乎采用多区分割测光更为合适，这种测光方式会兼顾画面中各个区域的测光结果，最终会平衡其中亮部区域与暗部区域加以中和。在此基础上可以再根据画面效果再考虑曝光补偿量的多少。

　　此照片拍摄时选择了自动白平衡设定。如果在此基础上再加上些红色调，或许对夕阳的表现力会更有帮助，但是反过来看，汽车的尾灯以及夕阳照射所形成的反光带也会一并染上浓重的红色，这样看起来可能会有些失真，显得不自然。

03

减光补偿让夕阳西下的街景
与喧闹的车流分割开来

曝光补偿……−1.3EV

-3　-2　-1　　0　+1　+2　+3

100mm（100mm），光圈优先 AE（F4，1/250 秒），ISO：100，WB：自动，−1.3EV

04

对户外广告牌进行加光补偿时
应该防止曝光过度

曝光补偿量应结合对比度与
彩度的效果作出调整

拍摄街景题材时不可避免地会拍到一些广告牌或其他醒目的标志。在自动曝光条件下，如果构图中保留了天空的话，不使用加光补偿时，由于天空较亮会使整个画面变暗，这样一来，地面上的建筑物或广告牌等都会造成曝光不足。这时就有必要启用加光补偿，目的是使画面的主体内容得到适合的曝光。但是这时的加光处理须谨防曝光过度，利用曝光补偿包围功能便可有效防止曝光过度的发生。

另外，在后期处理时调整对比度与彩度会对画面产生重大影响。通过色调调整功能，可以对反差强烈的部分做出精细的色彩还原，这样调整能让画面既保留反差，又能还原出更多细节。

29mm（29mm），程序式 AE（F11，1/100 秒），
ISO：400，WB：自动，+0.7EV

曝光补偿……+0.7EV

-3 -2 -1 0 +1 +2 +3

05

适当地提高暗部亮度
有助于表现建筑物的张力

视暗部区域的亮度变化来确定曝光补偿量

本照片是一张仰拍的作品，画面中除了高耸入云的建筑群之外，还保留了大片的天空。很明显，这样构图不可避免地会使画面反差增强。为了减轻这种反差造成的大光比，开启了曝光补偿包围功能，使建筑物不至于"死黑"一片，同时也可以有效控制天空部分不会出现"死白"的现象，用曝光补偿调整出最佳画面亮度。

照片拍摄于黄昏时段，虽然天空尚未暗下来，但蓝天明显浓重了许多，且建筑物已有部分亮起了灯光。照片整体属于暗调效果，为了保证还原出建筑物细节，曝光补偿调整选择 +0.3EV。本照片使用中央重点测光方式，因为天空位于中央，所以不作加光补偿的话，画面会很暗，建筑物几乎都变成了阴影效果，这样便失去了建筑物本身的张力，而适当提亮后，建筑物的细节得到了增强。

17mm（17mm），光圈优先 AE（F11，1/125 秒），
ISO：100，WB：自动，+0.3EV

曝光补偿……+0.3EV

-3 -2 -1 0 +1 +2 +3

06

加光补偿与对比度调整并用
适合营造居家的感觉

85mm（85mm），程序式 AE（F5.6, 1/5 秒），ISO：400，
WB: 3500K, WB 微调（B2），+1EV

逐步添加调整元素
是为了营造轻松休闲的氛围

这个场景可以说是一个室内生活的缩影。对于此类居家休闲的题材，推荐使用"加光补偿＋对比度低＋青色影调"的组合调整方案。因为在对比度低的情况下使用加光补偿的话，会给整个画面带来清新柔和的感觉。而在此基础上，如果再把白平衡微调向青色调加强，画面中又会泛出一股清凉的气氛，使照片看起来会有一种恬淡清雅的味道。

调整的要点是结合多项可用的调整元素，进行细致而渐次的添加，才能使画面最终达到理想的效果。其调整的原则是不可过度，否则会失真，进而破坏了自然的效果。特别是对于青色调的添加要尤其注意，应考虑到画面内的色彩构成，保证不会对整体造成色彩上的冲突。

WB 微调……**B2**

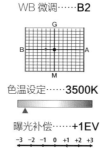

色温设定……**3500K**

曝光补偿……**+1EV**

-3　-2　-1　0　+1　+2　+3

利用曝光补偿与色调调整
来增强画面的反差

夕阳的光线虽然色温不高，但仍然可以感受到光线的强烈，特别是当夕阳从顺光或斜光角度照射过来，可以给被摄对象披上一层浓浓的金装。这也正是"夕阳的光景"独有的特性。想要突出表现这一特性，应从曝光补偿与彩度调整入手。这张照片就是把彩度加强，使色彩看起来更加浓重，符合当时的视觉感受。同时把曝光补偿进行了 -0.3EV的减光处理。虽然补偿范围不大，但对于日暮时分来说，由于整体的调子与白天不同，所以适度减光便恰到好处。这样可以保证画面还留有相当多的细节，同时画面中的明暗对比得到了强调，有助于突出整体的立体感。

这张照片再现了夕阳的情景，构图简洁，但由于色彩对比很突出，所以并不缺乏画面的表现力。尤其是特意将色温值调高些，可使黄色调和红色调变得醒目。

07

在夕阳的余晖照耀下
摩天轮呈现出十分迷人的色调

100mm（100mm），程序式 AE（F8, 1/250 秒），
ISO：100, WB: 6200K, -0.3EV

色温设定……**6200K**

曝光补偿……**-0.3EV**

-3　-2　-1　0　+1　+2　+3

08 选择高感光度虽然会增加噪点
但并不会影响夜景的表现

如果想保留颗粒感可以将感光度控制在 ISO1600-3200 之间

通常情况下，我们在拍夜景时都会选择低感光度，目的是为了获得更加细腻的画面。要达到这一点，前提是用更慢的快门速度，同时需要架好三脚架，并且要防止手抖与机震的发生，对构图的要求也更高。那为什么不去尝试高感光度拍夜景呢？被称为"粗糙感的夜景照片"会有哪些特性呢？首先让我们先来看这张大照片，图中是被称作"百万元夜景"的香港维多利亚港湾，而恰巧在拍摄时又遇到黄金色的满月。这张照片大胆使用了 ISO3200 的高感光度。当然，这不可避免地会让画面增加许多噪点颗粒，但就照片效果来看，似乎对夜景照片的影响并没有想象中那么厉害。而实践证明，从 ISO800 开始画面已经出现了明显的噪点，当然也不能一味地提高 ISO，如果到 ISO3200 以上的话肯定是无法接受了。所以说从实用角度出发，ISO1600-3200 之间的画面效果还算是好的。

需要再次声明的是拍这张大图时没有使用三脚架，可以说在 ISO3200 时基本可以达到手持摄影的快门时限。至于拍摄模式则选择了手动曝光，这样做的好处是可以手动设定光圈与快门速度的组合。可以以最慢手持拍摄的快门速度为限，来逐步设定光圈值，并通过回放来观察曝光情况，最终选出最佳光圈与快门速度的组合。在此种情况下不推荐自动模式，因为夜景中也存在明显的明暗变化。以多区分割测光为例，根据机内测光的结果所搭配的光圈与快门速度的组合不一定适合手持拍摄，也不能保证得到适合的曝光值。而在手动模式下摄影师可以根据回放情况作及时调整，拍摄效果可以在掌控的范围内。

利用高感光度拍摄夜景一定不能曝光过度，画面过亮会使噪点及伪色成分充分暴露出来。所以在曝光控制上还是推荐使用减光补偿，本照片就使用了 -0.7EV 的补偿量。就整体而言，虽说用高感光度噪点会多些，但似乎赋予了夜景摄影一些独特的味道。

100mm（100mm），手动曝光（F8，6秒），ISO: 200，WB: 自动

曝光补偿……± 0EV

-3 -2 -1 0 +1 +2 +3

▲这张构图相同的作品使用 ISO200 拍摄，和大照片比起来，最明显的区别莫过于夜空的部分完全没有颗粒感和粗糙感。同时，这张照片属于标准曝光，没有用到曝光补偿，画面的效果基本上和肉眼看到的一致，与大图相比可能会显得稍亮一些。

曝光补偿……-0.7EV

-3 -2 -1 0 +1 +2 +3

100mm（100mm），手动曝光（F2.8，1/30 秒），ISO：3200，WB：自动，-0.7EV

09

夜景题材中
天空的色调与细节
会大大丰富画面的内涵

色温设定……4600K

曝光补偿……+1EV

−3 −2 −1 0 +1 +2 +3

在以暗调为主的画面里
天空中的蓝色调是最大的亮点

从高层建筑的观景台里向西方眺望，太阳虽已落山，但天边还泛着最后的余晖，地面上华灯初上，楼宇间也早已点亮了灯光，这是一张日暮西山时分的广角照片，天空与地面的风景被表现得淋漓尽致。画面整体属于暗调的环境，但是并不缺乏对各个细节部分的再现。其实，夜景摄影中最难控制的是天空与云朵的部分。

事实上，白平衡的调整对于整个画面起到了至关重要的作用。画面上半部分天空的位置看起来蓝色调非常浓重，这其中还有观景台玻璃墙的影响。由于玻璃墙的上半部分被涂上了渐变的蓝色，这种蓝色调也都被拍入了画面。而把白平衡人工调整至4600K以后，导致整个画面都有些偏青。这种偏青的色调还同时校正了地面照明中的黄色调，使夜幕降临的气氛充满了幻想中的魅力。

此外，还有一点要告诉大家的是，拍摄这张照片时并没有架三脚架，而是手持完成拍摄的。而1/4秒的快门速度也基本上算是手持摄影的极限了。与此同时，感光度自然要调高一些，但是为了表现天空中云层的细节变化，感光度并不能一味地上调。由于使用手动模式拍摄，所以在机内测光值的基础上又增加了1EV的曝光补偿量，这样可以进一步增加画面的细节。

26mm（26mm），手动曝光（F4，1/4秒），ISO：800，WB：4600K，+1EV

在以暗调为主的画面里
天空中的蓝色调是最大的亮点

10

夜景抓拍务必注意
防止曝光过度

　　本照片是城市夜景题材的抓拍作品。为了实现手持夜景拍摄，特意将感光度调至 ISO1600，同时选择拍摄模式为快门速度优先，以尽量保持稳定，减少手抖的发生。本片的重点在于使用减光补偿技巧。大家首先要搞清楚的是，在同一夜景画面中不可避免会出现明暗差。尤其是当构图中出现广告牌与灯箱等高亮度的物体时，如果不加控制很容易造成曝光过度。造成这一结果的原因在于周围的暗部区域过多，所以测光的结果会将整体提亮，致使本身发亮的物体出现曝光过度的情况。这时，便要考虑使用减光补偿来处理，而减光的程度就该以发光物体不会曝光过度为标准。换句话说，就是通过减光处理使发光物体本身看起来不那么明亮，还原其本身应有的亮度。

　　为了达到这种效果，有可能还要进行色调调节，以及对比度调节。而高感光度下产生的颗粒感，此时会起到增强表现力的作用，这是因为夜景题材很适合用高对比度来表现。但是，夜景题材中还需要特别注意的是暗部的处理，即"暗黑区域的比例"。如果暗黑区域过多，势必造成画面显得死板与单调。所以，在曝光控制方面千万不要忽略暗黑区域的细节表现，曝光补偿量的调整是关键所在。

曝光补偿……**−0.7EV**

-3　-2　-1　0　+1　+2　+3
▲

17mm（17mm），快门速度优先 AE（F4，1/125 秒），ISO：1600，WB：自动，-0.7EV

11

彩灯点闪的场景用加光补偿
更容易营造梦幻般的效果

100mm（100mm），手动曝光（F2.8, 1/50秒），ISO: 100, WB: 3200K, +1EV

色温设定……3200K   曝光补偿……+1EV

根据现场彩灯的色彩与亮度
来确定自己喜欢的色调

　　拍摄彩灯点闪的场景时，其拍摄要点基本上和拍摄夜景一样，应采用多区分割测光与手动曝光来确定最理想的曝光量。从构图效果来看，由于光圈开到了最大，所以右侧离镜头最近的灯光呈现出美丽的虚影。而+1EV的曝光补偿是有意让昏暗的环境亮起来，使所有彩灯的身影都展现出来。但在这里要注意一点，彩灯本身属于发光物体，如果加光补偿控制不当，就很容易造成曝光过度。那时彩灯五颜六色的效果就会大打折扣，所以要严防彩灯曝光过度。

　　另外，白平衡调整还是推荐采用偏冷的青色调，同时可以将对比度调高，这样画面整体会变为一种深蓝色的基调，除了增强反差之外，还增添了几分浪漫的气氛。

12

错综复杂的彩灯造型
正是表现局部层次的绝佳时机

用曝光量与景深控制来突出彩灯的造型特征

　　与上一张作品相比，此张照片的取景范围更大一些，彩灯的造型特征也更加明确。同时，使用了更小的光圈，这样画面就获得了极大的景深。可以看到照片中的各个部分都被细致地刻画出来，虽错综复杂，但层次感却相当突出。由于背景中以大面积的绿树为主，所以在白平衡微调时特意加重了绿色的表现，使前面的灯饰与后面的树木形成互补。另外，对比度调高的结果，使曝光量减了0.3EV，这样看起来，整体的调子可能会偏暗，这或许更适合表现夜景题材。因为明暗反差强烈、色彩浓重等特点都是非常吸引眼球的因素。

　　所以，就彩灯造型的题材来说，拍摄之前需要充分对被摄对象的特征作出判断，然后根据其造型特征来确定表现手段，做到活学活用。

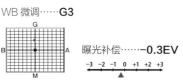

WB 微调……G3

曝光补偿……-0.3EV

100mm（100mm），手动曝光（F16, 5秒），
ISO: 400, WB: 自动, WB 微调（G3），-0.3EV

13 单发的礼花弹更容易
记录下完整的烟花轨迹

42mm（42mm），
B门拍摄（F20，4秒），
ISO：100，WB：自动

曝光补偿……±0EV

-3 -2 -1 0 +1 +2 +3

对于烟花的曝光控制来说
光圈的调整最为关键

拍摄烟花燃放的场景一般会用到三脚架，并开启B门。大家都知道，使用B门的好处在于可以让摄影师人为控制快门帘的开闭时间。如果想拍到烟花炸开后的轨迹，那么快门速度应该控制在3-5秒左右。这便要求从一开始就要盯住礼花弹上升的线路，才能够做到锁定礼花弹炸开的范围，并从礼花弹炸开时开始记录烟花形成的轨迹。而对于那些无从知晓何时炸开的礼花来说，就只能将镜头对准大概的炸开高度来等待时机了。

烟花摄影中最难计算的其实是礼花弹炸开后的亮度，各种规格的礼花弹在炸开后差异很大，以图中的菊花烟花为例，一般将光圈控制在F20左右以获得最大的景深，对于拍摄群发的大场面烟花来说F8-F11或许更合适。而感光度则推荐锁定在ISO100。拍摄单发的礼花弹时可以留下较为完整的烟花轨迹，想要具体刻画轨迹的变化时，可以拍摄单发礼花的局部来表现细节。

14 多发组合烟花虽看起来亮
但曝光仍然按标准执行

当多发礼花弹同时炸开时
很容易造成曝光过度

此照片展现了尝试拍摄多发组合烟花同时炸开后的效果。当然，拍摄组合烟花时也要用B门来控制曝光时间，可是在拍摄组合烟花时，自然会希望将烟花拍得多一些、完整一些。但是当画面中多个礼花弹同时炸开时，爆燃瞬间会突然发出高亮且集中的火光，这种集中亮度往往会超出我们的预想，以至于会造成曝光过度的结果。要知道，组合烟花一般包含多种规格和种类，空中炸开后的形状也各不相同，最关键的是它们的亮度是不统一的。这种情况下没有更完美的解决方案，只能靠开启B门多拍几张，以比较不同曝光值的结果。最终本片选择了F11。

至于白平衡基本设在自动模式上，是因为在燃放前难以对礼花的种类及颜色考虑得很清楚，而且碰上组合烟花的话，会突然变换出各种颜色，手动设定很难做到以不变应万变。当然采用RAW格式拍摄，在后期可以根据自己的喜好做出色调调整。

15mm（30mm），
B门拍摄（F11，4秒），
ISO：100，WB：自动

曝光补偿……±0EV

-3 -2 -1 0 +1 +2 +3

15

树荫中的场景宜采用
暖色系白平衡微调及加光补偿

大幅调整曝光量使画面的暖调增强
与原图判若两处

　　这是一张林间小道的即景。由于使用了广角镜头扩大了画面的纵深感，而透过树枝洒落地面的阳光是本照片的看点所在。而身在丛林当中的真实感受是，即使周围四处都有阳光照射进来，可肉眼看到的环境还会略显昏暗。针对这类场景，加光补偿后的效果会更好。

　　因为在大晴天里，日照的强度较高，所以树林中的阴影也很强烈，对比度自然很高，这给曝光处理提出了很高的要求。处理方法是尽量减弱阴影区域的对比度，利用加光补偿将原本的暗部区域提亮，使这些区域同样有被透射的阳光照亮的感觉。由于加光补偿会导致整体画面提亮，所以原本高光的区域就会造成不同程度的曝光过度。对比大小两张样片，我们会发现，大照片虽然曝光过度的区域很多，但画面感受却显得更加柔和，更加温暖。

　　其中曝光补偿的操作还是应该按照循序渐进的原则，不必追求一步到位。可以以 +1EV 之后的效果与原图对照，视画面的效果再做增减。此种加光补偿不仅可应用在风景摄影中，人像摄影也非常适用。尤其是对于处在阴影中的人物来说，加光补偿会使人物的皮肤还原更加亮丽自然。

　　大照片中除了采用加光处理，还应用了白平衡微调，目的是让树叶增加暖色调，同时将色温值调高以增强黄色调，这样树叶就不只被赋予了黄色，而且还呈现出一种偏绿的暖色调，看起来更像是被阳光照射后的效果。如果相反，将色温值调低，在白平衡微调里把绿色调与青色调加强的话，那么画面会立刻改变为清凉且幽蓝的氛围。

22mm（22mm），光圈优先 AE（F4.5，1/200 秒），ISO：200，WB：自动，

曝光补偿……± 0EV

-3 -2 -1 0 +1 +2 +3

▲这张照片中曝光量与白平衡设定都没有特意更改，完全是按自动模式拍摄的。画面的整体偏暗，和肉眼观察的效果接近，基本上是真实场景的写照。

WB：微调……A7，G3

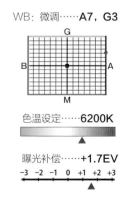

色温设定……6200K

曝光补偿……+1.7EV

-3 -2 -1 0 +1 +2 +3

22mm（22mm），光圈优先 AE（F4.5，1/60 秒），ISO：200，WB：6200K，WB 微调（A7，G3），+1.7EV

16

强调冬季冰清玉洁的通透感
应偏白偏青并增加对比度

通过白平衡的调整使天空
呈现出冬季特有的色调

在冬季，如果想拍好冰清玉洁的树挂，那么最好是选择一片没有云朵的广阔的蓝天做背景。这样从构图上看，整个画面中只保留前景中树挂的银白与背景中的蔚蓝两种色调。特别是当使用长焦镜头截取其中的局部构图时，这种效果会更加明显，画面虽简洁，但主题很生动。

想要获得这样的效果，无疑蓝天的色彩还原是重中之重。这时应将白平衡里的色温值降低，即可让画面整体都蒙上一层淡淡的青色调，以求呈现冬季里天空的色调。

另外，对于画面亮度来说，如果完全依靠自动曝光的话，因为大面积白色的存在会使曝光结果偏暗，要用到加光补偿使树挂变成亮白色，有必要增加2EV的补偿量。这样一来，即使是画面看起来有些亮，但对于白雪与蓝天的色彩还原都恰到好处。

100mm（100mm），程序式 AE（F4，1/100 秒），ISO: 100，WB: 4500K，+2EV

色温设定……**4500K**   曝光补偿……**+2EV**

17

调节亮度及彩度都是为了
表现林海雪原壮观的场景

晴天里拍摄雪景的最大难点
在于防止曝光过度

在自动曝光模式下拍摄雪白的被摄对象时，一般都会生成发灰发暗的照片。如果是面对本照片中的场景，在大晴天里拍摄大片的雪地时，其白雪会起到一块大面积反光板的作用，使整个场景看起来非常耀眼。所以想要得到正确的曝光量，就必须靠曝光补偿来再现与肉眼观察接近的真实效果。

不仅如此，本照片的白平衡设定与白平衡微调也都发挥了各自的作用。其中略微提高色温值是为了增加一些暖色调，同时在白平衡微调中还将棕色调与绿色调加强，可以使树林更加接近晴天日照下的色调。另外，适度加强彩度，可以让树林与蓝天的色彩更加突出醒目。而晴天里拍摄雪地的最大难点是雪地的"死白"，也就是曝光过度的问题，应逐步控制加光补偿以防曝光过度。

27mm（27mm），光圈优先 AE（F8，1/250 秒），ISO: 100，WB: 5800K，WB 微调（A3，G2）+1.3EV

WB 微调……**A3，GA2**

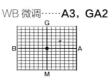

色温设定……**5800K**

曝光补偿……**+1.3EV**

18

减光补偿让月亮及地平线变暗
以加深画面幽静的效果

日出及日落的时刻
天边的色调变化丰富且转瞬即逝

46mm（46mm），光圈优先 AE（F5.6，0.3 秒），
ISO：100，WB：自动，-0.7EV

曝光补偿……**-0.7EV**

-3 -2 -1 0 +1 +2 +3

在寒冬时节，如果有机会去拍日出或日落，肯定会是一件令人难忘的经历。以本照片为例，地平线上的霞光和挂在半空中的月亮组成了一幅美丽的图画。其中霞光与天边的渐变色带才是本照片的最佳看点。在曝光控制方面，在多区分割测光的基础上，大胆地做减光处理，最终让整个画面偏于暗调，这样在整体暗调的前提下，天边的霞光与半空中的月亮形成呼应，这种亮度的反差也有效地摆脱了构图的平淡。如果只依照自动曝光而不作调整的话，画面看起来会显得发亮，这样将导致画面偏亮而显不出天边的霞光与月亮的亮度，使画面失去重点。

本照片的白平衡设定选择了自动模式，是因为这一时刻天边的色调变化丰富，手动设定可能跟不上其瞬间的变化，而自动模式的效果还是值得信赖的。

19

用高感光度拍摄夜空
可以得到完美的星空照片

通过尝试不同的快门速度
来确定星空摄影的曝光值

令大多数人难以想象的是，拍摄星空照片时谈不上什么风景摄影技巧，而且拍摄几乎是在全黑的环境下完成的。所以拍摄星空照片推荐使用高感光度来完成。一般情况下会把光圈开到最大，而照片的亮度即曝光控制主要是靠尝试不同的快门速度来确定。同时注意过长的曝光时间会导致画面变亮，也可以靠提高感光度来缩短曝光时间。比较理想的快门速度在 15 秒左右，而 30 秒以上势必会产生星轨的拖尾。

星空摄影的拍摄场所应尽量选择没有杂光影响的地段，尤其是避免城市照明带来的干扰。即便是能看到满天星斗的地带，也会因为路灯的影响而造成拍摄失败。

24mm（24mm），手动曝光（F2.8，20 秒），
ISO：1600，WB：自动

曝光补偿……**±0EV**

-3 -2 -1 0 +1 +2 +3

20

阴天的环境中最适合用柔和的光线来展现童话般的世界

18mm（27mm），程序式 AE（F8，1/250 秒），ISO：200，
WB：4000K，WB 微调（B3、G2），+1.7EV

通过组合调整将各种天气的特征表现于相应题材上

在前面的章节中曾经提过这样的组合，即"加光补偿＋低对比度＋青色调"组合调整方式，这种调节方法尤其适合在阴天环境中拍摄。因为在阴天里的阳光由直射光变成了散射光，这种条件下的光线对比度会降低，变成了软调柔和的光线。如果在此基础上再对色调及彩度有所抑制的话，那么最终效果会变得恬淡且沉静。所以说，在阴天里拍摄也会得到意想不到的效果，这种组合调整的结果还是很适用的。

此照片同样拍摄于偏亮的阴天环境里，由于采用了加光补偿，暗部得到了适度提亮，使重叠的树叶倍感轻盈，凸显宁静的质感。同时将对比度调低，让已经趋于软调的画面更增添了几分幻想中的童话般的氛围。在白平衡微调方面也同时加力，加强了青色调的成分。这样树叶的颜色就在粉色的基础上加入了变化，这其中自然包含了彩度加强后的效果。

如果是在晴天里拍摄，那么对比度肯定非常强烈，在这种情况下彩度也会随之加强。但这似乎更适合表现浓烈鲜艳的色调，与阴天环境下产生的那种柔和的情调是截然相反的。所以通过本照片可以证明一点，那就是在不同的天气条件下针对题材的表现会有不同的效果。善于利用这些天气的特征，会给主题创作带来帮助，如果再加上各种微调的作用，肯定会为作品增色不少。

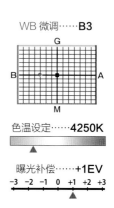

WB 微调……**B3**

色温设定……**4250K**

曝光补偿……**+1EV**

21

黄昏时刻的光照下采用加光补偿有助于还原花朵的鲜艳

色温设定……阴影

曝光补偿……+0.7EV

-3 -2 -1 0 +1 +2 +3

把握前景与背景的对比度平衡是处理好此类构图的关键

当太阳从地平线落下的时候，天边会映现出泛红的余晖，而空中则会形成大片的火烧云。本照片就是拍摄于这个特殊的时段，前景中的花朵采用仰拍，恰好与背景中的云霞形成对比。由于现场环境已经开始暗下来，所以通过提高感光度与加光补偿并用的方法来使画面提亮，以保证可以手持拍摄成功。

除此以外，为了还原黄昏时刻独有的棕色调，在白平衡设定上选择了阴影模式。这样一来，如图所示，画面中增添了红色调与黄色调的成分，整体色彩较为厚重。之所以加重暖色系的表现，在这里要强调的是，因为恰好此时景中的云朵也属于同色系的范畴，这样事实上画面整体都变成了橙红色调，有利于色彩的统一。这其中，白平衡模式的设定可以说起到了决定性作用，是它决定了整体的基调，符合主题表现的氛围。同时在曝光处理上采用了加光补偿，目的主要是为了提亮前景中的花朵。这种处理更多的是考虑到前景与背景的平衡关系，如果前景过暗会显得背景过亮，看起来会很不舒服，而加光补偿正好在一定程度上弥补了这种不足。而补偿量的选择推荐使用曝光补偿包围。对于此类构图方式而言，处理好前景的亮度与背景部分的平衡是非常关键的步骤。

21mm（31mm），光圈优先 AE（F8, 1/400 秒），ISO: 800，WB: 阴影，+0.7EV

22

拍摄樱花花瓣时
采用加光与虚化的方式
来突出柔美的氛围

加光补偿与虚化控制
是拍好花卉题材的两大法宝

100mm（100mm），光圈优先 AE（F2.8, 1/250 秒），ISO: 200,
WB: 自动, WB 微调（M2），+1.3EV

在大多数人的印象中，樱花的花瓣应该是粉色的，而实际上它却是非常接近白色的。特别是在顺光下拍摄，照片里往往会是白成一片的效果。想要拍好樱花的细节，首先推荐大家选择在阴影环境下或逆光环境下拍摄，如果光照不足可以采用加光补偿，这样才能更准确地还原花瓣的柔美。

例图中的照片将镜头对准了阴影中的花朵，而有意避开了阳光的直射。测光方式依旧选择了多区分割测光，以便处理好画面中的明暗平衡。不过还是作了白平衡微调，将品红色调加强，目的是给整体带来一些红色基调。另外，由于是特写照片，可以很细致地表现花瓣的状态，这时更需要通过虚化处理来表现柔美的氛围。所以说加光处理与虚化处理并用确实是花卉题材不可或缺的表现手段。

23

画面中包含樱花树枝与天空时
以调低色温来加强清爽的感觉

白平衡的调整应以再现蓝天的效果为主要目的

WB 微调……**M2**

曝光补偿……**+1.3EV**

拍摄樱花题材时，如果想把天空加入构图的话，那么无疑蓝色的晴空是最为理想的。要是赶上阴天的话，色彩饱和度会降低，樱花就会被拍成一片白色，而失去其原有的色调。但这并不意味着阴天就拍不了樱花，使用加光补偿对于拍摄樱花特写很有帮助，它可以营造出十分柔美的氛围。在这种情况下，无须过多地担心会出现"死白"现象，这只是其中的表现手段而已。

与花瓣特写不同，本张樱花的照片中包含了一部分天空，其表现方法是突出色彩的呼应关系。拍摄视角处于半逆光状态，在加光补偿的帮助下，花枝的亮度与细节都得到了保证。而色温值调低后会给整体带来偏青的色调，这样正好对蓝天的表现加以强调，让画面中散发出一股清爽的感觉。

100mm（100mm），光圈优先 AE（F4, 1/800 秒），
ISO: 200, WB: 4300K, +2EV

色温设定……**4300K**

曝光补偿……**+2EV**

24 想要突出红叶的娇艳时可在光线与亮度上做饱和处理

调整色彩饱和度时应视画面的效果做出适度的调节

红叶题材是摄影中经久不衰的表现内容，那么拍摄红叶时需要注意些什么呢？其中最为关键的是调整好色彩饱和度。并不是一味地强调增加红色，如果过多地强调红色会导致画面层次缺失，那样一来就会变成像红色的油漆涂满整个画面的感觉。在所有的调整步骤当中，要特别注意彩度的调整范围，同时色彩饱和度的控制尤为重要，务必要视画面变化而逐渐加重。

拍摄红叶的方法其实和拍摄樱花非常接近，都是要巧妙地利用阴影或者逆光的状态，避免在顺光下直接拍摄。同时针对红叶的特征进行曝光补偿，加光补偿可以突出红叶的细节纹理，而减光补偿可以表现红叶的幽静之美。本照片便截取了处在阴影中的红叶局部，虽稍显凌乱但却不失细微的表现，适度的加光补偿对暗部提亮起到了关键的作用。

100mm（100mm），光圈优先 AE（F2.8，1/800 秒）曝光补偿……+0.7EV
ISO：200，WB：自动，+0.7EV

-3 -2 -1 0 +1 +2 +3

25 拍摄花卉小品时宜对画面作软调处理并突出花瓣的色调

白平衡的调整应结合画面中花瓣的冷色调来处理

这是一张花卉摄影小品，它最大的特点是白平衡调整时结合了画面中花瓣的色调而进行冷色调处理。由于花瓣的颜色接近晴天天空的淡蓝色，所以在白平衡微调时特意加强了青色调与绿色调。这样可以保证花瓣的色彩更加浓重，同时还可以跟背景中的大片绿色分割开来，有利于景深的表现。这其中还进行了加光补偿，使花瓣产生鲜明通透的感觉。当时的拍摄是在阴天下进行的，所以很适合"加光补偿＋低对比度＋青色调"的组合搭配，其目的就是想要营造一股温馨浪漫的清新风格。

总体来说，阴天环境下花瓣很难再现原有的艳丽色彩，即使采用加光补偿也无法呈现出特别柔美的感觉。这种情况在浓重的红色及青色调的条件下尤其明显。

55mm（82mm），光圈优先 AE（F5.6，1/640 秒），
ISO：200，WB：自动，WB 微调（B4，G3），+0.7EV

WB 微调……**B4，G3**

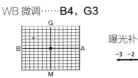

曝光补偿……**+0.7EV**

-3 -2 -1 0 +1 +2 +3

26 为了突出鹤舞长空的大场景 把整个画面都处理成单色调

更多地保留云层的细节 与展翅翱翔的仙鹤相互映衬

使用广角镜头对准天空，不仅捕获了大面积的云层变化，还拍到了仙鹤空中飞翔的情景，拍摄地正好位于仙鹤频繁起飞的地段，所以有机会提前对相机作出设定。为了保证得到准确的曝光，选择了多区分割测光方式，这样可以让画面整体的亮度提高。然而在此基础上再进行加光补偿，目的是让云层增加一些通透感，这样有助于还原云层的细节与仙鹤飞舞的神态。这里推荐使用曝光补偿包围功能，可以把补偿量提高一些，当然还需要考虑到防止"死白"现象的产生。

同时，为了使蓝天的色彩更加浓重，在设定白平衡时特意降低色温值以满足整体画面的需要，这样的话，画面整体被处理成单一青色调的感觉。虽然看起来很统一，但还必须保留仙鹤的白色，不能完全被青色调覆盖。

105mm（105mm），光圈优先 AE（F13，1/400 秒），
ISO：100，WB：4700K，+0.7EV

色温设定……4700K　　曝光补偿……+0.7EV

27 通过浓重的色彩叠加 使画面变成为一幅乡野风情画

通过调整让整个画面的单调色调 发生改变并富于情调

画面单调的原因就在于在阴天条件下拍摄，所有的东西都很难还原出原有的色彩。从构图上看，天空占据了画面的绝大部分，而倾斜的地平线与背后的山峦交错相连。可以说，面对这样的场景，很难从构图上取得任何突破。唯一能改变的，似乎就只剩下色调的变化了。首先将白平衡设定为阴天模式，这样有利于加强黄色与红色的表现。最后又在白平衡微调中将棕色调与绿色调加以强化，同时还进行了加光补偿，可以给画面带来柔化的作用。其中要注意的是增加黄绿色调，会使画面整体提亮不少，所以曝光补偿量一定要控制，不然曝光过度后天空将没有色彩，地面的黄绿色也同样会失去质感。

22mm（41mm），程序式 AE（F6.3，1/200 秒），ISO：100，
WB：阴天，WB 微调（A4，G6），+1.3EV

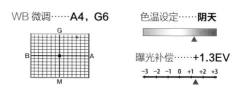

WB 微调……A4，G6　　色温设定……阴天

曝光补偿……+1.3EV

28

适度的加光补偿有利于增强猫毛的质感

通过对黄色调的补偿
使猫毛从色彩到质感均有提升

宠物已经越来越多地成为一大摄影主题，其中以猫为主题的最为常见，而毛发无疑是最具表现力的特征之一。其实通过白平衡调整便可以轻松提升猫毛的纹理表现。以此图为例，一只小猫正蜷缩在藤椅上。拍摄前，针对小猫的毛发色调，特意将色温值提高一些，以增加暖色系的效果，这恰好与茶色的猫毛相匹配，使猫看起来更自然且富于质感。

由于小猫位于背阴处，阳光是从背后斜射过来的，所以猫身上接收到的全是折射光线而不是直射光线，而且加光补偿使猫的全身提亮了不少，猫毛的质感便更加突出。因为猫的位置恰好处在构图的中央部位，所以拍摄时采用了中央重点测光方式，这样可以确保主体获得正确的曝光。

85mm（85mm），光圈优先 AE（F2.8，1/125 秒），
ISO: 400，WB: 5700K，+1EV

曝光补偿……**+1EV**

曝光补偿……**+1EV**

-3 -2 -1 0 +1 +2 +3

29

为了再现肉眼观察的效果
特意对白色小狗做加光补偿

对于这类较亮的场所而言
必须首先想到加光补偿

这种场合对自动曝光来说应该是非常棘手的情形，试想在白色的沙滩上趴着一条白色的狗，面对如此苛刻的条件，测光时如果不使用任何补偿，肯定会得到十分灰暗的照片。所以对于此类场景首先要做的就是进行加光补偿。众所周知，沙滩在强烈日光的照耀下，会形成非常刺目的伪白色，如果想以此为被摄主体的话，自动曝光时测光的结果会导致画面灰暗。这也正是很多人拍摄的海滨照片里全是灰灰暗暗甚至发黑的色调的主要原因。遇到这种情况其实只需一招即可，那就是使用加光补偿来调节。

本照片拍摄时采用了自动白平衡模式，这样会给画面带来少量的黄色调。这和拍摄时段接近黄昏时刻是有直接关系的。要是换作正午的话，肯定不会有多余的黄色调出现，但那样的话，画面便容易变成单一的色调。

50mm（50mm），光圈优先 AE（F5，1/320 秒），
ISO: 200，WB: 自动，+0.7EV

曝光补偿……**+0.7EV**

-3 -2 -1 0 +1 +2 +3

30

将画面处理成冷色系的效果
有利于表现人物的清新感

首先让模特位于逆光状态
再结合现场环境做出曝光调整

　　无论拍摄什么题材，设置曝光值与色彩还原等，归根结底是离不开光线的变化的。所以在拍摄之前先确认光位与光质是非常重要的步骤，在此基础上曝光值的问题可以靠曝光补偿来调整，色彩还原的问题可以靠白平衡调整去解决，依靠这些调整便可实现诸多创意。

　　从大照片来看，人物整体位于逆光中，阳光从背后很高的角度斜射过来。这样的光源可以说基本上就是顶光的效果。无论是曝光控制还是色彩调整，总体来说还是比较好控制的。加光补偿是其中必要的环节，逆光拍摄只有通过加光才能获得理想的曝光值。色彩还原则需要根据现场环境来判断。对于拍摄人像题材来说，只有当人物主体有充足曝光的情况下，才可以使人像肤色获得细致表现。其实，在逆光条件下更适合大胆地尝试改变白平衡设定。比如增加黄色调可以使画面出现棕黄色的效果，使照片看起来富于怀旧感。而增加青色调的话，可以给画面带来酷酷的清新感。其实这种调整带来的最大变化是给画面带来了更加真实自然的感觉，增强了照片的表现力。

　　由于将色温值降低，给画面整体蒙上了一层青色调，看起来像是单一色调的感觉。在此基础上又将对比度调低，这样一来，画面就增加了几分软调，使照片看上去更加柔和与轻快。

　　总结一下这张大照片，首先是光源效果决定了整个照片的基调，是左右画面感觉的最主要因素，这对于人像摄影显得尤其重要，完全有别于风景摄影与街头抓拍的题材。可以说只要确定好光源的效果，人像摄影就完成了一大半。因为光源的性质决定了曝光值与色彩还原，只有利用好光源的特性再结合现场环境的特征，才能创作出符合自己构思的人像照片。

100mm（100mm），光圈优先 AE（F2.8，1/1000 秒），ISO：100，WB：自动

曝光补偿……± 0EV

-3 -2 -1 0 +1 +2 +3

▲这是一张没进行任何调整的原因。自动白平衡导致色温偏低，画面中有很明显的黄色调存在。而机内自动测光致使自动曝光模式下出现了曝光不足的现象。

色温设定……4400K

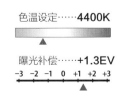

曝光补偿……+1.3EV

-3 -2 -1 0 +1 +2 +3

100mm（100mm），光圈优先 AE（F2.8，1/800 秒），ISO：200，WB：4400K，+1.3EV

31

在阴天拍摄人像时
有必要进行暖色系修正

85mm（85mm），光圈优先 AE（F2，1/250 秒），ISO：400，
WB：5700K，WB 微调（M2），+1EV

无论是曝光控制还是色彩还原都要考虑阴天的特性

在阴天的环境下无论拍什么都容易蒙上一层灰色的基调，人像摄影也不例外，特别是肤色得不到正常的色彩还原。而调整的方法，首先应将白平衡模式转至阴天模式，这样可以使画面生成一股黄色调，可以为肤色增添几分暖色系的效果。而为了突出暖色系的特征，把色温值特意调高，以增加黄色调。同时，在白平衡微调中也加强了品红色，这样一来相当于黄色和红色调都增强了，对人像肤色的调整绝对是立竿见影的。

另外，在这张照片中还可以看到加光补偿与虚化控制作用下的效果，使人像在增强立体感的同时又不会失去柔美的感觉，这种方法尤其适用于拍摄美女人像。

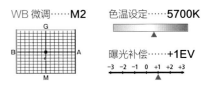

WB 微调……**M2**　　　　色温设定……**5700K**

曝光补偿……**+1EV**

32

将镜头眩光一并摄入画面
可以突出被强光所包围的效果

100mm（100mm），光圈优先 AE（F4，1/80 秒），
ISO：400，WB：阴影，+0.3EV

在强烈的逆光照射下
使用点测光可提高曝光准确率

在强烈的逆光照射下，光线在镜头的内部会产生折射而生成一种叫镜头眩光的有害杂光。然而利用这种眩光作为表现手段，或许对于摄影师来说会变为有利的工具。有眩光存在时拍照，会给主体蒙上一层类似使用柔焦镜头才会出现的晕影，这也正是眩光最有利用价值的地方。以本照片为例，白平衡选择了阴影模式，给整个画面带来暖色调，还无形中为人像摄影增添了几分朦胧的美感。

在这种场合下，最难控制的也许是曝光量的多少。如果不使用加光补偿，人像面部会缺失层次。而使用加光补偿的话，必须视画面变化而循序渐进。当然，选择点测光方式是比较有保障的，这样可以保证人像主体曝光是准确的，即使需要使用曝光补偿也会控制在最小限度之内。

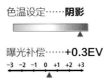

色温设定……**阴影**

曝光补偿……**+0.3EV**

33 提高感光度等于最大限度地使现场亮度加强

如果总觉得照片发暗就该想到提高感光度

这张照片拍摄于室内窗户边上，而室内摄影的最大困扰，往往是由于光线不足造成的。按照通常的思路讲，使用闪光灯可以保证曝光正常。但是，现在使用数码相机拍摄，其实只需提高感光度也可以得到相同的功效，而且这样可以更加灵活地运用现场光效。

对于现场光的利用，除了要考虑光线的方向、亮度等问题，还有一项不能忽视，就是如何防止手抖，采用快门优先模式可以保证使用安全快门。即使现场拍摄后发觉灰暗，在后期处理时也还可以对画面亮度再作调整。当然要注意拍摄前期与后期处理的量差不可过大，最好在拍摄时控制好亮度。

100mm（100mm），光圈优先 AE（F2.8，1/60 秒），ISO：800，WB：自动

曝光补偿……± 0EV

-3 -2 -1 0 +1 +2 +3

34 在阴影中拍摄更适合营造富于怀旧意义的照片

只要勇于尝试在阴影环境中也可发现更多题材

其实阴影环境下并非是无用武之地，在此环境下记录人物的日常生活是很有特点的。甚至有些人会去专门追求那种"树荫之美"，去营造富于人文情怀的照片。

首先来看阴影环境中的光线状态，这里的太阳光大多非直射，更多的是透射与折射，可以说整个环境中充满了各种散射光线的交织。其光质是十分柔和的，但一般需要加光补偿才能获得适合的曝光量。

本照片为了得到更柔和的质感，将色温值调高，以求得更多暖色调，同时在白平衡微调中将棕色调与品红加强，使画面充满暖色调的包围，让画面产生了容易让人怀旧的感想。这一切都取决于阴影中的特殊光效，再结合曝光控制与色调调整，使照片的表现力得到了拓展与发挥。

100mm（100mm），程序式 AE（F2.8，1/800 秒），ISO：200，WB：6500K，WB：微调（A5，M3），+1.3EV

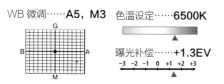

WB 微调……A5，M3　　色温设定……6500K

曝光补偿……+1.3EV

-3 -2 -1 0 +1 +2 +3

35

对于色彩斑斓的场景来说
暖色系有利于烘托欢愉的气氛

30mm（81mm），程序式 AE（F5.6，1/125 秒），ISO：160，WB：阴天

色温设定……**阴天**

曝光补偿……**± 0EV**
-3 -2 -1 0 +1 +2 +3

设定色温值的目的在于
让被摄对象的色调符合拍摄意图

　　照片中满地的落叶预示着深秋的到来，孩子们在草地上喧闹嬉戏的身影也被定格在画面中，虽然只记录下孩子下半身的姿态，但却留给观者更多想象的空间。本照片最大的看点在于它的色彩构成，其中包含了孩子衣服的蓝色、落叶的黄色或红色，以及草地的绿色。这些色彩斑斓的元素组成了一幅欢快的画面。为了加强色彩表现，把色调、彩度与对比度都作加强处理，使色彩更加厚重浓郁。

　　而白平衡设为阴天模式，目的是增加黄色调和红色调，这种暖色系的增强可以起到烘托欢快气氛的作用。而通过此类调整更能让我们记住的是，调整色温带来的不仅是色彩的改变，它还可以起到调节色彩浓淡的作用。

36

对夕阳余晖下的场景
利用曝光补偿功能再现难忘的一刻

通过减光补偿
让剪影更具表现力

　　面对完全逆光的状态该如何去表现呢？答案是利用剪影效果来营造气氛。本照片便是一张典型的夕阳照射下的剪影照片。从时间段上来看，朝阳与夕阳的时段内，由于太阳的照射角度很低，面对太阳时最容易拍出剪影效果，因为被摄主体与背后的太阳亮度差别很大，所以会形成强烈的剪影。

　　如果太阳位置还比较高，这种效果便不那么明显，这是因为亮度还不够的缘故。其实本照片中太阳的位置就不够低，但由于采取了减光处理，这样画面呈现出一种曝光不足的效果，却无形中加剧了明暗对比度，使画面反差达到了要求。同时将色温值调高一些，就更为画面带来了橘黄色调，以配合这种梦幻般的感觉。实践证明，这种组合调节对于再现剪影效果是最简单易行的方法。

14mm（28mm），光圈优先 AE（F8，1/1600 秒），ISO：200，WB：6800K，−2EV

色温设定……**6800K**

曝光补偿……**−2EV**
-3 -2 -1 0 +1 +2 +3

37 对明暗反差强的场景用加光补偿可减少反差增强厚重感

利用曝光补偿包围功能来调节画面亮度

对于明暗反差很强的场景来说，其曝光量还是很难掌控的。在这种情况下，开启曝光补偿包围功能，并调大每一级的补偿量，针对这类场合还是很有效的，相当于扩大了其曝光宽容度。至于测光方式，还是推荐使用多区分割测光，这种方式能照顾画面整个区域而平衡计算亮度。

本照片中的场景便很适合采用这种处理方式，通过调节加光补偿的强弱来确定适合的曝光值。画面明暗反差对比最强之处当然是天上的云与眼前的水泥护栏，二者的曝光控制成为决定画面效果的关键点。除了曝光控制以外，在白平衡微调中还将绿色调加强，这对于表现水泥护栏与地面的厚重感起到了至关重要的作用，看似简单的微调给画面效果却带来很大不同。

40mm（40mm），光圈优先 AE（F13，1/640 秒），ISO：200，WB 微调（G3），+0.7EV

WB 微调……G3　　曝光补偿……+0.7EV

38 对背景部分做减光补偿有利于突出前景中人物的动态

减光处理应考虑到前景人物曝光适度

在大多数场合里，抓拍时往往更注重构图而容易忽略曝光控制。本照片中的主体是两名活泼可爱的少女在卖零食，因为位置比较靠前，所以人物与前台都得到了自然的光照，而背后的房屋位置靠后显得暗一些。在自然光条件下，前景与背景的明暗区别不太明显，反差也没那么大，为了更突出前面的人物，可以采用减光补偿的办法故意让背景暗下去。

本照片的测光方式选择了多区分割测光，应该说测光系统会照顾到画面内的明暗反差而计算曝光量。而在此基础上，人为减光补偿后会使画面变暗，但对人物的影响在可控范围之内。为防止减光过量，开启曝光补偿包围功能更加保险。所以说用好曝光补偿虽然能有效调整画面反差，但必须控制好主体的曝光量才行。

85mm（85mm），程序式 AE（F4，1/125 秒），ISO：400，WB：自动，-0.7EV

曝光补偿……-0.7EV

使用曝光补偿的意义
在于增强画面的质感表现

　　从使用曝光补偿的比例来看，选择加光补偿的
几率似乎更多一些。早上的阳光光线比较弱，假如
又赶上逆光状态，那么使用加光补偿来调节画面亮
度是必然的，也只有这样才能还原出阳光照射后的
通透感。这种照片都具有令人心动的效果，但无论
使用加光补偿还是减光补偿，补偿过度反而会失去
应有的质感。而被摄对象也并非都是美好的事物，
还包括社会上的丑恶事物。对于选择题材而言，最
好不偏重不局限，什么都拍势必能更快地提高自己
的创作水平。

大胆尝试画面的色调变化
以提高影像表现力

　　无论是日暮西山的云霞，还是华灯初上的城市
街景，那些绚丽的色彩总是令人向往的。即使是看
似平常的街景抓拍，只需赋予它色调的变化，其照
片的氛围将马上随之改变。而关键点就在于对白平
衡作出的调整。根据场景的特点，有些适合用暖色
调去表现，有些则适合用冷色调来处理，那样看起
来会更酷一些。但色调的调整也应避免太极端化，
假如与现实的感受差距过大的话，或许会因为脱离
现实而丧失图片的表现力。有些题材则适合夸张地
表现，偶尔把画面改成粉色调或蓝色调后还可能会
收获意外的惊喜。

鹤卷育子

**曝光与白平衡
100 法**

39-59

IKUKO Tsurumaki / photographer No. 2

39

强调古建筑色调的同时
还需要兼顾画面中丰富的色彩构成

各种微调的目的都是为了再现自然的情景

本照片拍摄于欧洲某个街头小广场，图后方的古典建筑与前方一排彩色的小屋组成了一对罕见的组合。从色彩构成来看，几乎都是中间色系所组成，加之天空的原因，使得画面整体显得很沉闷。为了让画面看起来明快些而有意加强了对比度以改善现状。而加强对比度有

可能导致天空变得惨白，即使阴天也是如此。所以想要拍好云朵的话，应该尽量选择晴天的上午，等太阳藏到了云朵里再拍摄，那样可以拍到更多的云朵又可以避免太阳直射的硬光。

通常情况下，当行走于欧洲的街道中，两旁的古典

建筑自然会呈现出历史的厚重感。从曝光控制来讲，似乎暗调更迎合这种肃静的氛围。而眼前的情景中却多了一排色彩各异的小屋，无形中给画面带来了欢快的成分，这样一来只有将画面调亮才显得更贴切些。

测光方式选择了中央重点测光，以后方的主建筑体为主。为了弥补自动曝光的不足，对画面做了 +1EV 的加光补偿。加亮的同时还不能让天空曝光过度，要保留住云朵的细节。而小图中完全按自动曝光未加处理，画面会暗得多，而优点是天空的蓝色看起来更浓重一些。

至于白平衡的设定，主要是以还原古典建筑的色调为目的，为了强调这种怀旧的感觉以营造气氛，最终选择了阴天模式，这无疑对古典建筑的色彩还原起到了关键作用。如果改用阴影模式的话，势必会加入更多的黄色调，而这对于天空以及前方小屋的色彩还原会产生不利的影响。

而小图中选择了日光白平衡模式，其最大的优点就是能让蓝天看起来更加浓重。不光如此，这样一来会给整体画面都蒙上一层青色调，这样画面整体偏冷，不利于表现五颜六色的物体。

17mm（58mm），光圈优先 AE（F5.6，1/500 秒），ISO：400，WB：日光

▲这张便是先前拍摄的原图，很明显没有经过任何处理。与大图相比较，整个画面暗淡很多。由于选择了日光模式，所以画面中有一层青色调存在。而处理方式包括使用加光补偿，并通过更改白平衡模式让画面增加了黄色调，这会有助于主题的表现。

色温设定……**阴天**

曝光补偿……**+1EV**

-3 -2 -1 0 +1 +2 +3

17mm（58mm），光圈优先 AE（5.6，1/500 秒），ISO：400，WB：阴天，+1EV

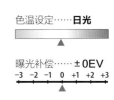

色温设定……**日光**

曝光补偿……**±0EV**

-3 -2 -1 0 +1 +2 +3

40

逆光状态下拍摄采用加光补偿
适合再现夕阳下的景象

调整的目的是为了让画面整体提亮
以免留下过暗区域

在夕阳西下时段里拍摄会有这样的特征：由于太阳的照射角度很低，导致光线较弱，且在逆光的情形下会形成一道长长的影子，正是这些特征组成了夕阳摄影的独特韵味。而从曝光控制来看，针对同一场景曝光过度与曝光不足会带来完全不同的画面感觉。

本照片正是在这个时段里拍摄的春夏之交的日子里，一群小学生们在下课后练习打棒球。为了更加清晰地再现学生们在操场上的神态，采用了加光补偿+1.3EV，让画面看起来更亮一些。少年们很投入地训练的情景被真实地记录了下来。由于画面提亮了，地上的影子也更加浓重，这样便更加印证了夕阳西下时段的特征。同时在侧逆光的照射下，茂盛的枝叶也显得十分浓密且翠绿。如果不作加光补偿的话，占画面比例很大的绿树部分会显得暗黑且缺乏通透感，且暗黑的区域完全看不出有任何绿色的基调。

为了突出表现画面中浓重的绿色，必须有意地控制黄昏时刻的暖黄色调的影响。也就是说在色彩控制上应尽量以再现绿叶的浓郁为主要目的，使其看起来更加明快。最初的小照片在白平衡上选择了日光模式，结果是黄色调在画面中十分抢眼，于是在 RAW后期处理时将色温值调到 4200K，这样便会在整个画面都覆盖一层青色调。

原照片在未作加光补偿前，棒球场的亮度不够，且人物的动作也接近剪影状态。尤其是构图上方的大树由于曝光不足，浓郁的绿色树叶完全没有被显现出来。以致左上角几乎形成了大面积的"死黑"区域，严重影响了构图的效果，可以说暗调使画面失去了表现力。

50mm（50mm），光圈优先 AE（F2.8，1/2500 秒），
ISO: 200，WB: 4200K

▲自动曝光模式下的原照，没有进行任何补偿前的效果。而后期调整主要针对的是棒球场的亮度，以及阴影过重的现象。其中更重要的当然是左上角的大树部分，由于曝光不足导致树叶显现不出原有的色彩，并形成了不小的"死黑"区域。

色温设定……4200K

曝光补偿……±0EV

-3 -2 -1 0 +1 +2 +3

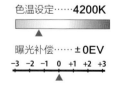

色温设定……4200K

曝光补偿……+1.3EV

-3 -2 -1 0 +1 +2 +3

50mm（50mm），光圈优先 AE（F2.8，1/2500 秒），ISO：200，WB：4200K，+1.3EV

41

在白炽灯模式下拍照
可以得到非现实的色调

色温设定……**白炽灯**

▲

曝光补偿……± 0EV

-3 -2 -1 0 +1 +2 +3

▲

多区分割测光方式对复杂的场景
也能实现准确的曝光

立交桥下的桥洞属于城市题材中的常见场景之一，本照片便是抓取了这一极为生活化的场面。桥洞里面比较暗，光线从后方散射进来，形成了明显的亮度过渡区，而桥洞中的人物都变成了剪影效果，组成了画面中的亮点。对于这种明暗反差大的场景，最初是准备用点测光来处理，但是由于不好设定合适的测光区域，搞不好会被测光方式误导而导致曝光失败。所以综合以上因素，最终还是选择了多区分割测光。面对眼前这种场景，由于后方的光线较强，即使是多区分割测光方式也肯定会受到影响，这样人物变成剪影效果就成了预料之中的事了。桥洞内外的亮度差形成的光影过渡，让地砖与车辙印迹的细节都清晰地显现出来。而桥洞与外部街道的接壤部分看起来更像是通向外面世界的大门一样，形成了内外两重天的景象。之所以没有采用曝光补偿也是出于这个原因，就是要保留这种更自然的光影效果。但是在色调方面却采用了大胆的尝试，改为白炽灯白平衡模式，于是便得到这种非现实的色调，使画面风格焕然一新。桥洞外街道两旁的建筑以白色的居多，曝光过度也很明显，而改成青色调后反而建筑的轮廓更加清晰了。因画面整体的对比度较强，所以人物的剪影效果非常突出。

14mm（28mm），光圈优先 AE（F2.5，1/30 秒），ISO：400，WB：白炽灯

利用早上的斜射光线再加上低机位拍摄
可增强通透感

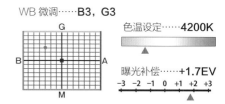

42

新枝嫩叶的题材
适合用加光补偿
来实现清新的氛围

如果仔细观察便会发现，只有在阳光透射的条件下，新枝嫩叶才能显现出浓郁的绿色。通常情况下叶子的位置都非常高，想要拍到透射的叶子或许只有到正午才能实现。而本照片则选中了低矮的几乎垂地的树枝与大片的叶子。由于位置很低，所以只有在早上阳光斜射的状态下才能拍到通透的绿叶。

比较画面中的亮部与暗部的差别还是很明显的，地面上的影子与树枝重叠的部分相对较暗，对于此种场景还是用多区分割测光更适合。如果换成点测光的话，测光位置的差异将会导致曝光的差别，以致形成完全不同的结果。

绿叶只有在透射光下才能感受到鲜嫩的色彩，由于枝杈交叉，叶子的重叠密度也不尽相同，这样就自然形成了色彩的过渡。而加光补偿 +1.7EV 的结果，使明暗差异更趋于清晰，叶子的间隙与地面的部分却形成了曝光过度的结果。为了突出叶子的清新绿色，拍摄时白平衡设定为日光模式，在 RAW 后期处理时又做了调整，将色温值降到 4200K，以抑制红色调的产生。同时白平衡微调中又加强了青色调与绿色调。所有的目的只有一个，那就是要让绿叶看起来更加鲜嫩。

WB 微调……**B3, G3**

色温设定……**4200K**

曝光补偿……**+1.7EV**

-3 -2 -1 0 +1 +2 +3

14mm（28mm），光圈优先 AE（F2，1/50 秒），ISO：400，WB：4200K，WB 微调（B3，G3），+1.7EV

43

减光补偿外加冷色系有助于控制画面的亮度与色彩对比

色温设定……**4030K**

▲

曝光补偿……**−0.3EV**

−3 −2 −1 0 +1 +2 +3

▲

轻微的曝光不足可以让较淡的色彩显现出来

在阴天环境里抓拍住宅小区的一角，画面主要是由大片白色的墙壁与几大株蔷薇组成简洁的构图。通常情况下，在表现花卉题材的作品中，如果遇到阴天时多采用加光处理以期柔和的表现，这与拍摄女性肖像的处理方式基本是一样的。而这几株蔷薇花绝对是画面中的主体，所以一定要拍出花枝的层次与立体感才行。

阴天里拍摄的最大特征是光质较平，被摄对象的层次不太突出。为了避免出现这样的局面，在曝光控制上首先进行 −0.3EV 的减光处理，目的是加强表面枝叶与里层枝叶间的对比度以及亮度反差。从结果上看，轻微的曝光不足反倒有利于表现花瓣的细节与花瓣的形状特征。尤其是背景中完全是大面积的白墙，如果曝光过度的话，势必花瓣的颜色也会变成白色，这样花瓣就与白墙融为一体以致难以分辨。而减光处理后使花瓣加重了粉色调，可以很容易地和白墙分割开来。

最后要说的是此张照片对白平衡也做出了调整，最初设定为荧光灯模式，而拍摄之后才发现画面色调的差距比较大，失真比较严重，所以重拍时又改成了自动模式，好在是用 RAW 格式拍摄，允许后期再作处理。最终在电脑处理时又将色温值调至 4030K，终于得到了满意的色调。

50mm（50mm），光圈优先 AE（F5.6，1/320 秒），ISO：400，WB：4030K，−0.3EV

室内窗帘的亮度是决定画面明暗平衡的关键点

44

基于点测光的曝光处理最适合表现某些特定的主题

这是在宾馆的室内向室外拍摄的一张照片。窗外柔和的光线照进室内，但强度不够，没能照亮屋内的景物，由于是阴天，室外的光线很均匀，比起室内还是要亮出很多，与室内形成了鲜明的反差。这无疑对测光提出了很高的要求，因为不同的测光点必然会导致曝光值出现极大不同。

在这种情况下，如果以室外风景的亮度为曝光基准的话，那么室内部分肯定会"死黑"一片。反过来，如果以室内亮度为基准的话，窗外势必就会变成白纸一样出现"死白"的结果。对于宾馆室内的曝光量来讲，如果将构图中的室内细节逐一显现出来的话，其结果必然有利有弊，如果完全写实的话将会丧失室内的幽静感与安逸感。

图中的窗帘恰好处于明暗之间的过渡，于是用点测光对准窗帘中多褶的区域，通过试拍回放来确定曝光值。要点在于窗帘要拍出透光的感觉，而室内地毯的部分不能过量，椅子和茶几只保留形状以符合逆光的效果，外部远景也能保持一定的细节。最终曝光补偿量定为 +1EV。

至于画面的色调，由于室内有一台橙色的地灯，所以室内保留了一些暖色，而外部在阴天的作用下呈现出一股青色调，二者明显不在同一色系上。为了能在色调上兼顾到二者的特征，色温设定时选择了日光模式，这样整体效果会更自然一些。

色温设定……**日光**

▲

曝光补偿……**+1EV**

-3 -2 -1 0 +1 +2 +3

▲

17mm（34mm），光圈优先 AE（F3.2，1/160 秒），ISO：400，WB：曝光，+1EV

45 为了拍出怀旧风格的照片 应将白平衡微调加些黄色调

要边调整边观察 直到调出理想的怀旧影调

行走在乡间小路上，偶然发现一家商店门口趴着一只黑猫，于是抓拍了这张富有生活气息的照片。从店家的装潢风格来看，可以说还保持着昭和年代的印迹。画面仿佛蒙上了一层青苔的颜色，而且中间还掺杂着黄褐色调，所以照片散发出十足的仿古味道。

为了拍出此效果，特意将白平衡改为阴天模式，使画面的色调保持低调减少亮丽的成分。并在此基础上，通过 RAW 处理又对色调进行了微调。后期处理时边调整边观察，逐渐使画面效果达到理想中的样子。比如阴天模式的 6000K 色温还是不大理想，又将白平衡微调中的棕色调 +3，让店内的色调尽量增加暖调。同时为了烘托店内陈旧的设施，进行 −0.3EV 的减光补偿，但要考虑到柜台及椅子不能过暗，还需要保留一些层次。室内最亮、最抢眼的地方当然是吊灯与墙上的月历，应注意这两处的亮度不可曝光过度。

14mm（28mm），光圈优先 AE（F5, 1/60 秒），ISO：1600, WB：阴天, WB 微调（A3），−0.3EV

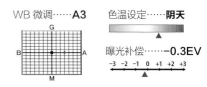

WB 微调……**A3**　　色温设定……**阴天**

曝光补偿……**−0.3EV**

46 将画面整体加亮有助于 表现夕阳笼罩下的色彩特征

逆光照射下植物的曝光量 是决定画面亮度的关键

逆光状态下拍摄，通常照相机的测光与曝光都会以画面中较亮的区域作为参考值，这种条件下拍出的照片往往偏暗，特别是前景中的物体会更暗，甚至会形成意想不到的剪影效果。这张照片拍摄于住宅区一层的花园里，拍摄时段是黄昏，从光位上看是处于逆光状态下，而花园中的植物是构图的主角。在逆光的作用下植物的叶子已被阳光照透，显露出很亮的状态。细的花枝交错生长，仿佛织起了一张大网，线条感十足。为了将植物部分提亮采用了加光补偿，但对于背景的曝光控制来说是很有难度的，如不注意会让建筑部分过亮，甚至出现"死白"的区域，所以加光补偿 +0.7EV 就刚好。白平衡选择了阴影模式，目的是想让画面中多保留一些橙黄色以符合夕阳的特性。从最终的画面效果来看，背景中的白色建筑群在夕阳的作用下蒙上了一层金黄色的光线，其中还有些橙红色调在里边。而花枝的曝光量与色彩也与夕阳西下时的暖调光线相吻合。

24mm（48mm），光圈优先 AE（F5.6, 1/640 秒），ISO：400, WB：阴影, +0.7EV

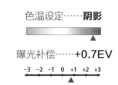

色温设定……**阴影**

曝光补偿……**+0.7EV**

47

强调原本的青色调
也会给画面带来
复古怀旧的感觉

对于薄雾笼罩的环境来说
适当的曝光过度看起来更自然

54mm（108mm），光圈优先 AE（F3.5，1/2000 秒），
ISO：400，WB：荧光灯，+0.3EV

眼前的机场正处于雾气环绕之中，看起来更像是奇幻世界中的景象，那么如何在这种条件下利用现场的光效来拍好照片呢？对于薄雾笼罩的环境，其实用加光补偿来处理效果更佳。于是本片采用了 +0.3EV，使画面出现轻微曝光过度，这样空中的部分几乎是一片白色，而测光模式则采用点测光以飞机机身为主体，使飞机能保持最适合的曝光值。由于机场的建造年代比较久远，不是现代机场的建筑风格，所以从表现手段来说更适合把它处理成怀旧意味的场景，于是白平衡改成荧光灯模式，目的是让建筑物及飞机都蒙上一层青色调。

本来阴郁的天空整体上呈现出白色的调子，而改变白平衡模式后天空的色调自然也产生了变化，但仔细观察会发现其中还包括淡淡的粉色及紫色调，这样的处理给平淡的风景照增添了几分特别的味道。

色温设定……**荧光灯**　　曝光补偿……**+0.3EV**

48

白平衡选择日光模式
有利于前景与背景的色调分离

傍晚时刻路边大排档的灯火点亮，映出温暖的红色调

每当夜幕降临之际，街边的大排档已是人员满座，生意兴隆，通过画面我们仿佛可以听到人们的喧闹声，可以闻到现场飘过的小吃的香味儿。教堂中的照明多是白炽灯，而白平衡如果使用白炽灯模式，无疑会使画面增加红色调。如果选择阴天模式的话，那么现场的桌椅都会蒙上发黄的色调，甚至连背景也会一起变成发黄的色调。所以，最终还是换成了日光模式。在该模式下，眼前的大排档区域还会保留住大面积的暖红色调，而位于背景中的教堂，则自然地呈现出傍晚时刻应有的暗灰色调，从而与前景部分在色调上完全分割开来。

为了更加真实地再现傍晚时的光效，同时让大排档的电灯泡显出浓重的红色调，特意采用减光补偿让整体暗下来，而 -0.3EV 的补偿量可以保证人们的姿态还能被清晰地分辨出来，这样的画面比肉眼看起来可能会更暗些。

14mm（28mm），光圈优先 AE（F2.8，1/60 秒），
ISO：1600，WB：日光，-0.3EV

色温设定……**日光**　　曝光补偿……**-0.3EV**

49 使用减光补偿可减弱玻璃的反光，以平衡画面的亮度

把两个被摄对象安排到同一构图里控制反差是关键

26mm（26mm），光圈优先AE（F5.6，1/125秒），ISO：200，WB：日光，-0.3EV

色温设定……**日光**

曝光补偿……**-0.3EV**

-3 -2 -1 0 +1 +2 +3

走过街边的时装店，除了被窗内的服装所吸引，也常常会看到玻璃上映出对面楼宇的光影。这张照片正是抓拍到了大家都习以为常的情景。所拍到的玻璃窗内的物体与玻璃上反光中的物体被排到同一构图内。至于拍摄技巧，首先是要解决拍清楚的问题。其中有趣的地方是橱窗内模特的眼神恰好望着对面的高楼位置，构图安排上也正好把模特头像摆在两楼的间隙处。曝光控制上采用了减光处理，这样可以增加影像的清新度，同时也可减弱玻璃的反光，整体画面反差适中。

假如曝光过度的话，时装模特与玻璃上的光影都会增加亮度，这样会因亮度增加而减弱影像的清晰度。比较之后可以发现，还是减光处理时的效果更好，尤其是模特面部的特征能很好地记录下来，而且画面的亮度也达到了相对平衡。而玻璃上的楼影也因受光面的不同自然地产生阴暗面，与模特组合在一起的画面看起来很自然。

50 想要强调古旧建筑物的特征与质感应使用减光补偿

如果画面过亮便会完全丧失时代的印记与情调

为了再现老照片怀旧的情调，有意将照片做出一系列调整。首先把白平衡改成了阴天模式，这样可以为画面整体蒙上一层偏黄的色调。同时对曝光量也要严格控制，因为如果整体过亮，会完全丧失时代的印记与情调的表现。所以使用了 -0.3EV 的减光补偿，这样一来掉漆的木板与褪色的遮阳帘的质感才更加突出。当然减光补偿量并非越多越好，还必须兼顾店内的柜台与椅子不能完全黑下去，这些内容正是烘托拉面馆主题的必备条件，否则便会丧失餐饮店的特征。

拍摄这张照片时正处于阴天环境里，由于整体反差较小，很容易让画面看起来光质平淡。这时色彩表现就变得极为重要。好在图中有大面积的红色十分抢眼，在处理之后这些红色变得更加鲜艳。

27mm（54mm），光圈优先AE（F5，1/80秒），ISO：800，WB：阴天，-0.3EV

色温设定……**阴天**

曝光补偿……**-0.3EV**

-3 -2 -1 0 +1 +2 +3

51
为防止剪影中的景物过暗应使用加光补偿

45mm（45mm），光圈优先 AE（F3.2，1/200 秒），
ISO：200，WB：3150K，+0.3EV

色温设定……**3150K**　曝光补偿……**+0.3EV**

加光补偿的作用在于
将暗部层次提亮以突出质感

这是一张在地下通道出口抓拍的照片，由于阴雨天气，通道内显得非常昏暗。而天气好的日子，顶棚的玻璃可以透射足够的阳光把通道的台阶照亮。阴天情况下效果就差多了。因为拍摄方向是室内向室外延伸，所以造成了相当大的亮度反差，这种情况下昏暗的区域自然会形成剪影的效果。即使昏暗也要严防出现"死黑"，尤其是扶手与台阶的质感，以及手持雨伞的女性身影都应保持基本的亮度，另外，出口处树叶的绿色也应尽量还原出本色，而只有使用加光补偿才能满足以上的条件。在白平衡设定上，考虑到阴雨的日子里偏冷的色调，所以最开始选定的是白炽灯模式。在后期 RAW 处理时为了增加青色调，又将白炽灯模式直接改成 3150K 来增强青色调。

52
对于色彩丰富的场景加光补偿可为画面增添活力

14mm（28mm），光圈优先 AE（F9，1/400 秒），ISO：400，
WB：日光，WB 微调（B2），+0.7EV

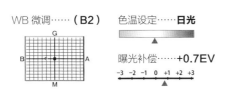

WB 微调……**（B2）**　　色温设定……**日光**

曝光补偿……**+0.7EV**

明暗区域的对比度与曝光控制
是平衡画面的要点

在晴天光线强烈的情况下，街道两边的房子自然会形成受光面与背光面两个区域。如果构图时想把两部分都拍到一起的话，那么曝光控制是一项很难处理的问题。图中的两排房子都涂上了五颜六色的油漆，炫丽而多彩，看起来十分明快、可爱。总体来说，只有让画面亮起来，才能显现出活泼可爱的一面。这种情况下，选择多区分割测光还是有效的，基本上可以保证亮部区域不会出现"死白"的现象，而阴影区域中也有适度的提亮，整体感觉变成了蜡笔画一般，所以加光补偿也控制在 +0.7EV。画面中天蓝色的房子与豆青色的汽车与背景中蓝天的色彩属于同一色系，在同一画面中色彩融合性很好，并没有发生色彩冲突。为了强调这种清爽的色调而选择了日光白平衡模式，并且在 RAW 后期处理时又将蓝色加强，使色彩更加喜人。

53 将白平衡调至阴影模式
可使色彩更加浓重且夸张

33mm（66mm），光圈优先AE（F2.2，1/60秒），ISO: 400，WB: 阴影，+0.3EV

色温设定……**阴影**

曝光补偿……**+0.3EV**

-3 -2 -1 0 +1 +2 +3

阴影模式适合强化画面中
含有大量黄色物体的场景

图中是一束鲜嫩的葵花摆放在窗前的情景。由于处在逆光状态，所以许多花瓣都被窗外的阳光照透而发亮发白，这使花瓣的整体层次更加突出，色彩也更加亮丽。拍摄时本来选择了日光模式，选此模式的目的是想在色彩还原上能使花瓣更加嫩黄，同时让叶子也能反映出正常的绿色。事实上日光模式还是不尽如人意，后来在RAW处理时又改成了阴影模式。这样一来，使葵花的花瓣色彩更偏向于浓重的黄色，从而在花瓣上可以看到更自然的黄色渐变，层次感也更强了，甚至有些夸张的效果。

在曝光控制上重点在于对花瓣渐变色的还原，为了让花瓣的细节更清晰，采用了+0.3EV的加光处理。由于葵花比较大且数量较多，大光圈有利于控制景深效果，可使前面的主体更加突出，而后面的花朵会产生自然的虚化。

54 大胆对白平衡作出极端设定
以追求夸张的色调表现

用白炽灯模式来营造
富于神秘感的蓝色情调

这是一张偶然间抓拍的照片，是隔着玻璃窗拍摄咖啡馆里的桌子，其中的桌布与花瓶原本都是白色的，而玻璃杯则是透明的，从整体色系上看都属于白色系的范围。如果不加变化地直接拍摄，无疑这样的场景会显得十分平庸毫无生气，于是，便构想着用夸张的色调来为画面增添一些变化。

首先从曝光控制上入手，为了使白色的还原更加准确，采用了+1EV的加光补偿，这样可以让白色看起来更加纯正，以减少偏色带来的影响。

其次是要对白平衡做出调整，利用白平衡的色调变化来改变单一偏白的画面。最终大胆地选择了白炽灯模式，让整体都呈现出偏蓝的色调。虽然这样的改变使画面与现实的差距变大，但极端设定下的色调彻底改变了照片的氛围。蓝调的主题会萌生出幽静的感觉，为画面增加了几分神秘。

34mm（68mm），光圈优先AE（F5.1，1/60秒），ISO: 1600，WB: 白炽灯，+1EV

色温设定……**白炽灯**

曝光补偿……**+1EV**

-3 -2 -1 0 +1 +2 +3

55

逆光条件下有意曝光不足反而有利于表现立体感

35mm（70mm），光圈优先AE（F3.2，1/160秒），ISO：400，WB：阴天，-0.3EV

色温设定……**阴天**

曝光补偿……**-0.3EV**

-3 -2 -1 0 +1 +2 +3

曝光控制应以硬币的反光亮度作为参照依据

照片拍摄的是室内茶桌上的一角，面对镜头方向的逆光光线显得很柔和。拍摄时采取了多区分割测光方式，画面中位于最前方的几堆硬币是构图中的亮点，特别是硬币的反光部分非常显眼。作为直接反射逆光的载体，它集中了画面中最亮的区域。在曝光控制上就要以此反光的亮度作为曝光的依据，为了清晰显现出表面的细节，一定要注意不能曝光过度，以免出现"死白"的现象，所以采取了-0.3EV的减光补偿来控制亮度。

这样一来，硬币的背光面显得更加昏暗，与表面的受光面相比加大了明暗反差，同时也增强了立体感，使画面能产生一种恬静的氛围。对于这种暗调环境的照片而言，自然会流露出一丝时尚的情调。

白平衡选择了阴天模式，这有助于让硬币蒙上一层黄色调，以增加其金属质感。不仅如此，画面整体也因黄色调的增加而倍显暖意。

56

为了让画面的主体得到准确的曝光应使用点测光模式

25mm（50mm），光圈优先AE（F4，1/160秒），ISO：400，WB：荧光灯，+1EV

色温设定……**荧光灯**

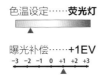

曝光补偿……**+1EV**

-3 -2 -1 0 +1 +2 +3

将点测光的测光点选定在未被阳光照亮的叶子上

厨房窗台上的两盆小花，被窗外暖洋洋的阳光所包围，嫩绿的枝叶透露出生机勃勃的气息，这是一张典型的家居生活抓拍作品。由于绿植处于逆光照射下，所以不免会造成主体曝光不足，于是测光方式改成点测光，并且将测光点选定在未被阳光直射的叶子上，这样做可以有效提高整体叶子的亮度。在此基础上又进行了+1EV的加光补偿，可以让叶子充分照透，更凸显鲜嫩的感觉。

通过以上操作，画面已经变得十分亮白，考虑到其中紫罗兰花偏于紫色调，所以把白平衡改为荧光灯模式与之匹配。纵观画面整体，台面与窗框都是不锈钢发出的金属色调，而毛玻璃上也笼罩着一层淡淡的紫色，是与花儿颜色相近的色调，在这样的条件衬托下，绿色的叶子就变得更加抢眼了。

57 曝光过度反而更适合表现出空气中湿潮的感觉

通过曝光补偿来提亮暗部并控制反差

　　照片拍摄的是东南亚城市里早高峰的情景，从画面中能感受到人们被空中的湿气所包围，湿气像大雾一样笼罩着城市的每一处角落，而生活在这里的人群从表情上可以看出对这种环境的无奈。

　　由于天气持续阴天且潮湿，再加上得不到阳光直射，所以自动曝光导致画面十分昏暗，必须使用加光补偿来调整。面对浓雾且潮湿的环境，如果不作加光处理直接拍，效果可想而知，画面会变得死气沉沉，背景中茂盛的树木也显不出层次，即便是作为主角的摩托车流，也会变得不那么显眼了。

画面处理首先从曝光量上做调整，使用了 +1.3EV 的加光补偿。这其中最起作用的区域要数背景中的树木，彻底抑制了发黑发暗的特征。整体画面可以说比肉眼实际观察还要亮些，这样做是为了让骑摩托车的人群变得更加抢眼，而浓重的湿热感也变得愈加强烈。受加光补偿的影响，画面变得非常亮，不仅眼前的景物变得清晰，连背景中的细节也都暴露无遗。除了对暗部进行提亮，背景中远方的景物由于笼罩在雾气中变得发白而模糊，无形中还加强了景深效果，这使得前景与背景的反差进一步加大，使画面更具立体感。

拍摄此片时的天气非常糟糕，湿热湿热的。而画面中的亮点是那些骑摩托车赶着上班上学的人们，所以拍摄动机是想留住城市早高峰的情景。而后期处理时想让画面多少保留一些早晨的凉意，所以白平衡最终选择了日光模式，这样可以为画面带来一层淡淡的青色调。如果想真实还原肉眼观察到的效果的话，直接选择阴天模式似乎更能表现当时的状态。

28mm（56mm），光圈优先 AE（F3，1/320 秒），ISO：400，WB：日光，+1.3EV

▲ 未加任何处理前的原片效果，可以看出整体环境是相当昏暗的。而通过调整曝光量后，可以让大家感受到湿热的气候，同时画面亮度的增加不仅让被摄对象更加清晰，照片的质感也发生了根本性的变化。

色温设定……**日光**

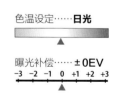

曝光补偿……± 0EV

-3 -2 -1 0 +1 +2 +3

色温设定……**日光**

曝光补偿……**+1.3EV**

-3 -2 -1 0 +1 +2 +3

28mm（56mm），光圈优先 AE（F3，1/320 秒），ISO：400，WB：日光

58

想还原黄昏时分的温暖阳光应在阴影模式下做加光补偿

色温设定……**阴影**

曝光补偿……**+1.3EV**

-3 -2 -1 0 +1 +2 +3

要善于利用阴影模式下画面偏红的特性

日落之前的街景有很多可以拍的素材，为了还原夕阳西下时的特有氛围，一定要在白平衡设定上多动些脑筋。我们平时拍摄时可能用到最多的是自动模式或日光模式，在该模式下，强光部分会反映出落日前的色调，给画面整体都蒙上一层淡淡的青色调，这势必会影响到黄昏场景的表现力。而想要再现黄昏时分的温暖阳光时，应当将白平衡改为阴影模式，该模式的优势在于面对夕阳场景时，可以让画面增加一些红色调，这无疑对表现大范围街景的照片是非常有利的。因为在阴影模式下，不仅能对夕阳的色彩有加强的作用，即使不是受光面的区域，甚至还包括空中都会弥散着一层暖色调，当然街道的色彩以及建筑物的色调都会随之改变，也就是说整个环境都会更符合黄昏时段的光影效果。

这张照片基本上处于侧逆光的光位，所以曝光量的控制尤为重要。为此特意将画面进行 +1.3EV 的加光补偿，目的是让整个环境亮起来，使画面中所有景物都沐浴在温暖的夕阳照射下，看起来更加明快。试想，在这种光效下，如果曝光不足的话，树影及人影都会变长，夕阳照在物体上的轮廓光会变得更加明显，使得景物的反差加大，画面感觉就会变成另外一种样子。当然作为摄影师来说，如果把此场景处理成暗调照片也是无可厚非的。

21mm（42mm），光圈优先 AE（F4，1/1000 秒），ISO：400，WB：阴影，+1.3EV

选择白平衡模式时
不必在意室内灯光对画面的影响

　　通常在拍摄室内人像时，我们考虑最多的是如何把人像拍得漂亮。但是，如果想让人像与室内环境结合在一起，就应该考虑到室内色温的调整，尽量使人像的肌肤还原不受环境的影响。本片便是这样的实例，当人像靠近荧光灯时是否就该把白平衡改成荧光灯模式呢？从构图上不难发现，这张照片并不是纯人物照片，而是有环境的烘托，是典型的环境人像。这种情况下如何更好地再现环境就变得非常重要，所以室内氛围不能因为有荧光灯而受到影响，要以整体的大环境来决定照片的调子。现场原有的光效其实很自然，没必要刻意去改变。

　　这是一家服装小店的场景，店员平静地坐在柜台里，左侧有台灯，右侧高处还有为衣服照明的吊灯。如果把白平衡改为白炽灯模式的话，势必会造成人像肤色偏色，这样会破坏原来的温暖色调，而变成以冷色调为主的环境。事实上，背景中的橱窗位置还有从窗外射来的太阳光，那么白炽灯模式肯定不适用。最终这张照片还是改用了日光模式，在该模式下室内部分会很自然地罩上一层暖色调。虽然旁边有荧光灯，但这并不影响整体的暖调效果。而橱窗及窗外的景物在日光下的色彩还原更加自然。

59
为了烘托室内的
温馨感受
应将白平衡调至
日光模式

色温设定⋯⋯**日光**

▲

曝光补偿⋯⋯**+0.7EV**

-3 　-2 　-1 　0 　+1 　+2 　+3

▲

24mm（48mm），光圈优先 AE（F4，1/160 秒），ISO：1250，WB：日光，+0.7EV

曝光控制并没有固定模式可言

　　说实话，我在风景拍摄现场也常常因为控制不好曝光而烦恼。有的时候不是光圈控制不好，就是快门速度控制不好，画面亮度也很难控制。所以当有人问起曝光控制有何诀窍时，我也总是无法直接回答出来。

　　影响曝光控制的因素有很多，有拍摄场地的因素，也有个人创作思考的因素。面对自然风景题材，首先无论是明是暗都应如实地记录下来。而曝光控制确实没有规律可言，就是因为其中包含了拍摄者主观的创意与构思。

利用白平衡调整来实现主观创意

　　白平衡调整可以用来改变画面的色调，其实它也是拍摄者用来发挥主观创意的得力工具。当然不是指可以任意改变大自然的色彩规律，因为照片中的色彩倾向会直接影响观者们的心理感受。其中有些夸张的色彩表现还是能够被大家所接受的。

　　然而一些细微的色调调整可以体现出拍摄者的主观创意性。通过对白平衡的细微调整，传达给观者的是拍摄者的创作灵感与视觉感受。熟练地运用此工具一定会为创作带来突破。

萩原史郎

**曝光与白平衡
100 法**

60-83

Shirou Hagihara / photographer No. 3

70-200mm（90mm），光圈优先 AE（F11，1/25秒），ISO：200，WB：阴天，+0.3EV

◀ 最初拍摄时白平衡设定为自动模式。与处理后的大图作对比不难发现，画面整体没有过多的黄色覆盖。在自动模式下，相机会默认将白色尽量还原成白色，这样便造成了与肉眼观察的色调差距很大的现象。

曝光补偿……**+0.3EV**

-3 -2 -1 0 +1 +2 +3
▲

70-200mm（90mm），
光圈优先 AE（F11，1/25秒），
ISO：200，WB：自动，+0.3EV

60

使用阴天模式有利于
再现黄昏时分柔和的光效

白平衡模式的选择应尽量接近肉眼观察的效果

　　眼前是满开的樱花树，背景是层叠的山峦，黄昏时刻暖洋洋的光线从山后方照射过来。这张黄昏时刻的美景照片，主角当然是花满枝头的樱花树，大约占据了画面的三分之二，剩下的画面中除了山脉相连以外，留给天空的面积已经非常少，所以构图的两大区域只是眼前的樱花树与远方的山脉。

　　为了让樱花树与远山分离，也为了让画面整体更加清晰，于是把光圈缩小到 F11。背景中的天空虽然在构图中占据着很小的比例，但空中金黄色的阳光足以照亮眼前的树木。由于自动曝光会出现曝光不足的现象，所以采用了 +0.3EV 加光补偿，有意使画面全体提亮，这样有助于表现樱花的细节。由于小光圈下快门速度变慢的缘故，就把感光度上调至 ISO200，这样才能保证达到 1/25 秒的快门速度，并没有一味地提高 ISO 感觉度。

　　目前还有一项内容不够满意，那就是画面的色调。拍摄初期的白平衡选择了日光模式，可是画面效果与黄昏时的色调相比有很大差距，所以最后在 RAW 处理时就将预设模式更改为阴天模式。这样画面终于出现了偏红的趋势。当然这种调节也不能过度，否则夕阳的色彩就会变得非常失真且夸张，所以为了避免出现这种失误，最好还是采用边调节边观察的方式为好。

　　最后来说说夕阳西下的白平衡设定，不管是选择自动模式还是日光模式，都无法再现肉眼观察的黄昏情景。为了让画面增加一些暖色调的红色，似乎只有阴天模式才能达到要求。

色温设定……**阴天**

▲

曝光补偿……**+0.3EV**

−3　−2　−1　0　+1　+2　+3
▲

61 拍摄樱花应在测光值 的基础上再做加光补偿

70-200mm（200mm），光圈优先 AE（F4，1/50 秒），ISO：200，WB：日光，+0.7EV

将画面提亮后 有助于表现丰富多彩的场景

　　拍摄这张照片时很巧妙地把粉色的山桃花作为前景并虚化处理，而后面背景中则是花开满枝的樱花树。桃花的粉色花瓣虽然被虚化掉，但由于个头很大，所以实际占据了构图中相当大的比例，这样与背后的白花恰好形成了色彩的交错，当然这都得益于 F4 大光圈的功劳。利用这种手法，通过活用镜头，可以轻松实现对画面景深的控制。

　　面对树枝盘错的樱花树，如果曝光不足，势必会造成死气沉沉的景象，于是做出了 +0.7EV 的加光补偿让整体提亮。其目的主要是为了把樱花的白色再现出来。如果只依赖自动曝光的话，画面会变得非常暗淡，从而丧失掉勃勃的生气。至于白平衡最终还是选定了日光模式，而事实证明，在此模式下的色彩还原基本符合现场的效果。

色温设定……**日光**　　曝光补偿……**+0.7EV**

62 想要突出春天的氛围 需要亮丽的画面效果

16-50mm（75mm），光圈优先 AE（F2.8，1/8000 秒），ISO：100，WB：日光，+1EV

把花瓣与虚化的背景都加亮 以提升画面的表现力

　　图中的主体是散落在水面上的樱花花瓣，拍摄时采取了几乎贴近地面的低视角，来捕捉处于逆光状态下的主体。从整体上看，画面的虚化范围很大，背景中满是粉色花瓣的虚影，可以让观者充分感受到春天的气息。对于这种只有花瓣与虚影的画面来说，应尽量避免画面暗淡，最好让画面充满亮丽的氛围。

　　在曝光处理上需要注意的是，樱花的花瓣本身是接近白色的，那么在自动曝光下很容易被相机侦测为明亮的物体，而使得曝光量减少出现画面发暗的结果。

　　这种情况进行曝光补偿是非常必要的，在 +1EV 的加光补偿后花瓣的亮度看起来自然多了。为了营造虚化效果，使用了最大光圈 F2.8。而白平衡则选定了日光模式，这样色彩还原基本达到了忠实本色的效果。

色温设定……**日光**　　曝光补偿……**+1EV**

63

选择多区分割测光
以应对不同季节的特性

测光方式需兼顾樱花与远山
两个不同对象的差异

前景是春花烂漫的情景，而背景中却依旧残留着冬季的严寒特征，于是在同一画面中同时涵盖了不同季节的特性。拍摄时为了让前景与背景都有清晰的成像，便使用了 F11 的小光圈，以求获得更大的景深范围。由于是顺光拍摄，所以无须考虑那些反光或者逆光带来的不利因素，选择多区分割测光最为保险。从以往的拍摄经验来看，面对此类场景选择多区分割测光均可以获得准确的曝光量。这里唯一需要考虑的是色彩还原的问题，因为照片中包含了晴朗的天空、泛白的雪山和近景中盛开的花朵，这些对象都需要有非常准确的色彩还原才能更贴近现实。综合考虑的结果还是选择了日光模式，以实现色彩的准确再现。

70-200mm（125mm），光圈优先 AE（F11，1/50 秒），ISO：100，WB：日光

色温设定……**日光**   曝光补偿……**±0EV**

64

加光补偿把夕阳的余晖提亮
以突出花朵的本色

注意暗部的细节
不要受其他杂色的干扰

夕阳的余晖透射在樱花的花枝上，给原本白色的花瓣附上了一层淡淡的橙黄色调。由于使用 F4 的大光圈加上较长的焦距，使得背景出现了严重的虚化效果，眼前清晰的花枝则呈现出春花烂漫的气息。拍摄之初，首先要选好花枝的形态，构图的设计等都要体现出层次感，最后在逆光状态下拍摄。而背景中发亮的区域恰好是光线通过的位置。因为逆光拍摄很容易在自动曝光模式下发黑发暗，所以进行了 +0.7EV 的加光补偿，同时也保留了来自夕阳中的暖黄色调，看上去也会更加自然。

70-200mm（200mm），光圈优先 AE（F4，1/160 秒），
ISO：100，WB：日光，+0.7EV

在白平衡设定上没有采用其他模式，而是直接选择日光模式，目的就是让画面中保留自然的色彩还原，让白花能显现出自然光下的色彩，同时又符合拍摄时段的色温变化。

色温设定……**日光**

曝光补偿……**+0.7EV**

70-200mm（248mm），光圈优先 AE（F4，1/800 秒），ISO：200，WB：2500K，+1.7EV

◀ 这是处理前的原片效果。白平衡最开始设定为自动模式，而且尚未进行加光补偿。除了画面比较暗以外，画面的色彩还原倒是更接近肉眼观察的结果。

曝光补偿……+1EV

−3　−2　−1　0　+1　+2　+3
▲

70-200mm（248mm），
光圈优先 AE（F4，1/800 秒），
ISO：200，WB：自动，+1EV

65

把画面处理成冷色调
有利于营造童话般的意境

色调调整的重点在于
增加画面中青色调的比例

　　盛夏时节大片的波斯菊在田野中随风摇摆，而画面中用长焦镜头只截取了眼前大约 10 朵花来集中表现花开的情景。这些清晰的花朵自然成为构图的主角，由于采用了 F4 大光圈，所以在长焦镜头的作用下，背景中成片的花海都变成了美丽的虚影，这样的画面看起来更加简洁、明快。

　　拍摄时特意选择了 RAW 格式，以便在后期进行细致的调整。波斯菊的花瓣中带有淡淡的粉色，而相机的测光系统会将其感知为明亮的物体，所以在自动曝光时画面显得十分暗淡。于是在拍摄时设置了 +1EV 的加光补偿。本以为这样的补偿量已经足够把画面提亮，但是回放照片时，才发现曝光量似乎还不够，画面依旧很暗。很显然，这样画面豪无明快感可言，给人的感觉依旧很压抑。所以在后期处理时，又做了 +0.7EV 的加光补偿，这样，实际上补偿量已经达到了 +1.7EV 的程度，才达到大图这样的效果。应该说这样的亮度基本上已符合现场的光效。

　　而白平衡方面，在拍摄之初选择了自动模式。但经过多次后期调整，最终的色调变成了大图那样的结果。虽然自动模式会更忠实于原本的色调，但是作为摄影作品而言，总觉得缺少些创作的成分。为了将画面处理成梦幻般童话般想象中的场景，便手动将白平衡调至 2500K，目的就是让画面变成冷色调的感觉。由于加入了大量的青色调，更符合那种幻想中的气氛，让画面完全变成了童话般的世界。如此强力地调整色调，会使照片以夸张的效果示人，使画面完全脱离了现实的元素，而显得别具一格。这类作品会给拍摄者和观者带来新的感性认知。就普通风景摄影而言，色调调整完全不必搞得这般夸张，或许调整过度会带来事与愿违的结果。

色温设定……2500K

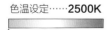

曝光补偿……+1.7EV

-3 -2 -1 0 +1 +2 +3

66

按白花所占画面的比例
进行适度的加光补偿

色温设定……**日光**

曝光补偿……**+0.7EV**

-3　-2　-1　0　+1　+2　+3

补偿量的标准源自摄影师对现场环境的评估

在寻找外景地的途中偶然发现一块湿地，但这里并不是寸草不生的环境，而是满地都开满了密密麻麻的白色的野菊花，蔚为壮观。

对于成片的白花来说，相机会默认为是明亮的物体，这样在自动曝光模式下必定会得到昏暗的照片，所以为了将白色的物体还原成真正的白色，通常要进行 +1EV 以上的加光补偿。当然这个补偿量并不是固定不变的，如果本身是纯白色的物体，再加上阳光的照射以后会变得白而亮。这时进行加光补偿时就必须考虑到有无曝光过度的可能，最好不要让画面出现"死白"的现象。

而本片拍摄时恰好没有直射的阳光，属于小阴天的那种天气，这样的光线下光质较平。由于白花生长在很大的区域中，且中间还透出很多的绿叶来，花朵本身并没有连成一片，除非是强力加光补偿，否则应该不会出现大面积的"死白"区域。实际上只用了 +0.7EV 的补偿量，这完全取决于对现场环境的评估。也就是说要依据白花在构图中所占的比例来适度进行加光补偿。

大片的花朵盛开虽然蔚为壮观，但处在湿地上白花多少还是给画面带来一股冷色调的感觉，所以把白平衡设定为日光模式，总体来说色彩还原比较准确。因为画面中白色的物体最容易造成偏色现象，所以想要正确还原白色物体，必须控制好补偿量以期色彩还原准确。

28-300mm（390mm），光圈优先 AE（F11，1/25 秒），ISO：200，WB：日光，+0.7EV

67

为了如实再现夏季的大片浮云
应对画面做加光处理

加光补偿使画面更加亮丽
白云也更有气势

一望无边的缓坡地带上是整片成熟的麦田，抬头望去，晴空如洗，大片的云朵正徐徐飘动，犹如一幅典型的夏日风情画浮现在眼前。

在竖幅的构图中，麦田占据着三分之二的画面，使位于坡面上的麦田直接连向天边，同时也兼顾天空与云朵的表现，这种构图最大限度地突出了纵深感。在光圈控制上，选择小光圈以加强景深范围，使画面中从近至眼前的麦穗到远至天空的白云都得到了清晰的成像。在 F16 的光圈下虽然会产生轻微的衍射现象，但对于画面整体的清晰度影响不大。

这张照片是在晴天且顺光状态下拍摄的。虽然画面上方聚集着很多的白云，但所占据构图的比例并没有超过一半，所以对测光系统不会产生太大影响。但对于还原白色物体来说，加光处理还是必要的，所以最终做出了 +0.7EV 的加光补偿。

而白平衡则直接设定为日光模式，对于大晴天里拍摄室外风景来讲，日光模式是用得最多的也是最为保险的模式。对于现在的数码单反相机而言，白平衡的精度已经相当准确。这种大晴天的室外场景选用白平衡自动模式也不会有任何问题。

4-70mm（24mm），光圈优先 AE（F16，1/30 秒），ISO：100，
WB：日光，+0.7EV

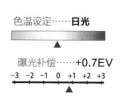

色温设定……**日光**

曝光补偿……**+0.7EV**

-3 -2 -1 0 +1 +2 +3

68
面对山间的浓雾
调节曝光补偿量可以改变画面的印象

事先定好画面的基调
再来调节曝光补偿量

　　下雨的日子里，草木丛生的山谷间被浓浓的雨雾所笼罩，眼前的红叶似乎被一面巨大的青纱帐包裹了起来，仿佛是传说中的仙境一般充满神秘色彩。浓雾在这里并没有把所有东西都蒙住，而是造成了部分清晰部分模糊的情景，而看不清楚的区域恰好能给观者留下想象的空间，会让人们产生前去探索的欲望。这也正是画面最富于魅力的地方。对于雾气很浓的场景来说，最难控制的就是画面的亮度。正因为雾气本身是偏白色的，所以调整亮度时必须考虑到对整个画面带来的影响，这将直接影响到拍摄者给观者传达怎样的画面感受。从以往的拍摄经验来判断，似乎可以套用现成的法则，那就是"对于白色物体的色彩还原要使用加光补偿来处理"。

　　但是现实的场景往往不能这样简单地照搬套用，这需要依据拍摄者对画面基调的初步判断。从以往的拍摄经验来说，有雾气的环境会带来洁净感与清凉感，所以理想中的画面应该如大图那样提亮，而不是阴沉沉的效果。在定好基调后，就要考虑曝光补偿量的问题了，应以白色的浓雾不出现"死白"为临界点，让红叶的部分与绿叶的部分都清晰可辨，同时让原来暗部的树枝也亮起来。综合以上因素，加光补偿量最终定为+0.7EV。

　　对比小图不难发现，如果只按相机自动测光值去曝光的话，照片会一片昏暗，这当然也不算是完全失败的作品。如果改个思路，只想表现湿冷阴凉的主题，那么可以重新命名为"幽静的森林"等。由此可见，同是浓雾的题材，只需改变曝光量便可改变照片的表现力，无论是要表现何种感觉，都需要拍摄者首先对作品定好基调，后期处理仅是辅助完成的工具。

24-105mm（85mm），光圈优先 AE（F11，1/12秒），ISO：200，WB：日光

色温设定……**日光**

曝光补偿……**±0EV**
-3　-2　-1　0　+1　+2　+3

▲仅仅通过相机的自动测光值为依据而自动曝光后的照片，画面的整体效果显得昏暗。当然这并非是完全失败的作品，它或许更适合其他主题。通过曝光补偿便可以使画面改观。

色温设定……**日光**

曝光补偿……**+0.7EV**
-3　-2　-1　0　+1　+2　+3

24-105mm（85mm），光圈优先 AE（F11，1/12秒），ISO：200，WB：日光，+0.7EV

69

秋日即景的画面可通过加光处理来提高色彩饱和度

对主要被摄对象的亮度控制会左右画面的表现力

漫步森林之中，地面上散落着各种各样的落叶，在众多枯黄的叶子之中，一片凤尾草的叶子映入我的眼帘，于是决定以它为题材拍一张落叶的照片。如果就这样简单地俯下身子把它拍下来，似乎缺少了秋天的意境，于是找到了旁边低垂的红叶，并且在构图时把凤尾草的叶子安排在红叶的缝隙之间，这样的照片会让人们体会到秋日的情趣。

由于拍摄场地处在森林之中，而光线则是从树林间透射过来，光质比较柔和，使用微距镜头使前景充分虚化，于是橙红色的散景仿佛是舞动中的纱巾。在曝光控制上想要得到近似肉眼观察的亮度，开启加光补偿是必需的。因为虚化的面积非常大，所以对于它的亮度调节势必会影响整个画面。在拍完之后，应立即回放，通过液晶屏来确认画面亮度，然后依照直观效果再决定曝光补偿量。这张照片最终进行了 +1EV 加光补偿，使画面中充满了浓浓的秋意。

而白平衡则使用了日光模式。虽然开启阴天模式或许红色调会加强，但对于红叶来说容易造成色彩饱和过度。试想，如果画面的色调失真，肯定会影响主题的表现。所以最终还是选择了日光模式，使色彩还原更加接近自然的效果。

60mm（96mm），光圈优先 AE（F2，1/200 秒），ISO：100，WB：日光，+1EV

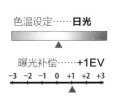

色温设定……**日光**

曝光补偿……**+1EV**

-3　-2　-1　0　+1　+2　+3

70

白平衡选择白炽灯模式
适合表现
富于幻想的画面

色温设定……**白炽灯**

▲

曝光补偿……**+1.7EV**

-3 -2 -1 0 +1 +2 +3

▲

加光补偿与冷色调的画面相结合
可提高画面的表现力

众所周知，通过对白平衡的调节，可以从根本上改变画面的色调。对于风景摄影而言，如果想忠实地进行色彩还原的话，选择日光模式或者自动模式一般都会得到满意的色调。那么假如使用白炽灯或者荧光灯模式会是什么效果呢？结论是画面的色调会颠覆以往的观感，创造出与此前完全不同的感觉。

这张照片是用长焦镜头抓拍了一枝枫叶，当时的光线状况既不是直射光也不是纯逆光，而是处在散射光的包围之中。本来拍摄时白平衡选择了日光模式，以 RAW 格式来保存，而在后期处理时采用了夸张大胆的改变，白平衡改成了白炽灯模式，使画面整体呈现出偏青的色调。

这样一来，照片的色调与用肉眼观察相比发生了根本性的改变，画面中充满了富于幻想的色彩，给观者带来了全新的感受。从这一实例中可以明显地感受到改变白平衡给画面带来的影响。

对于这类画面偏冷色调的处理方式，从过往的经验来讲应该给整体增加亮度为好。特别是以花朵或者叶子为主体的特写照片，在冷色调的基础上再配以加光补偿，有利于营造出幻想中的画面感觉。

70-200mm（216mm），光圈优先 AE（F4，1/50 秒），ISO：1600，WB：白炽灯，+1.7EV

71

日光模式下溪流呈现出偏青的色调
给画面增添了神秘感

注意在阴天的环境中白平衡也不要选择阴天模式

山中的溪流沿着台阶状的岩石顺势而下，要注意这并不是溪流的局部照片，而是从上到下记录了溪流的整体气势与水流方向的变化。

一般来说，拍摄溪流的重点都在表现水流的动态上。比如用较快的快门速度可以记录下水流从岩石上端奔流直下时瞬间发出的水花，而用慢速快门可以把水流拍成流动的浮云效果。想要拍出这种效果，就要结合对感光度的调整，感光度越低越能实现慢速快门的要求。除此之外，可能还会用到 PL 偏光镜。PL 偏光镜的作用不仅能消除有害的反光，还可以有效降低 1 级到 2 级快门速度，对于拍摄水景题材来说这是必备的配件。这样就可以把快门速度降下来了，当然光圈缩小的同时还需考虑

到衍射现象的发生，所以本片中光圈定为 F11。这样在保证光量的情况下实现了 2 秒的慢速快门。从画面上看，水流拍出了流云的感觉，水流通过台阶状的岩石时层序分明，同时富有柔美的感受。

而白平衡最终选择了日光模式，会使阴影中的物体发青发蓝，这样反而给画面带来了几分神秘感，仿佛是进入了幻想中的世界。本来拍摄当日是阴天，假如就此把白平衡改为阴天模式的话，那么画面中的冷色调就不见了，当然那种富于幻想的感觉也会消失。总结以前的拍摄经验，可以得出一个结论，那就是即使在阴天环境中，拍风景的题材时也一定不要选择阴天模式。

12-60mm（64mm），光圈优先 AE（F11，2 秒），ISO: 100，WB: 阴天

▲ 最初的拍摄白平衡选择了阴天模式，而大图改成了日光模式。比较之后不难发现，溪流的色调发生了根本的变化。之前的照片中水流是白色的，完全没有显出那种神秘的氛围。

色温设定……**阴天**

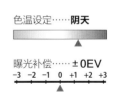

曝光补偿……**±0EV**

-3 -2 -1 0 +1 +2 +3

色温设定……**日光**

曝光补偿……**±0EV**

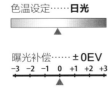

-3 -2 -1 0 +1 +2 +3

12-60mm（64mm），光圈优先 AE（F11，2 秒），ISO: 100，WB: 日光

18-270mm（64mm），光圈优先 AE（F16，1/8 秒），ISO：100，WB：日光

▲ 这张照片在自动曝光的基础上，又进行了 +1EV 的加光补偿。这样使画面完全变成了亮调照片，仿佛是白昼中显现出的梦境一般，使人们无法还原出原本的色调。当然，这是一种极端的尝试，旨在体验以亮度来左右画面的观感。

色温设定……**日光**　　　曝光补偿……**+1EV**

−3 −2 −1 0 +1 +2 +3

18-270mm（64mm），光圈优先 AE（F16，1/8 秒），ISO：100，WB：日光，+1EV

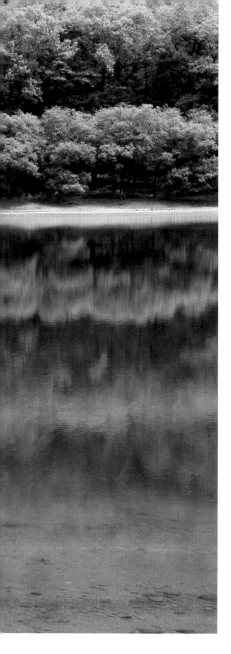

72

对于画面整体被绿色环抱的场景
无须调整色调就很美

拍摄顺光条件下的绿色时
启用曝光补偿是多余的

这是一幅满眼绿色的画面，从构图上看实景只占画面的三分之一，而虚影表现却占到三分之二，可以说水中的倒影成了表现的主体。仔细观看水中的倒影你会发现，它不仅色彩艳丽而且层次分明，这种虚实对比的画面给人们带来了极大的视觉享受。

对于画面整体被单一色调占据的情况，其曝光控制并没有想象中那么复杂。由于现代数码相机机内都具备反射式测光系统，而测光元件则以被摄对象反射率的18%灰度来决定测光值，也就是说，测光元件会把任何物体都按黑白灰色来处理，这样的结果会导致凡是白色的物体曝光后都偏暗，黑色的物体反而被提亮，想要还原真正的白色，就必须使用加光补偿才能实现。此图中满眼都是绿色，而绿色的反射率是接近灰色的，所以不用曝光补偿即可获得准确的色彩还原。这也正是前文中提到的"绿色的曝光控制没那么复杂"的道理所在。

图中的场景是成片的森林，在顺光的条件下光质很平均，所以就会得到接近灰色的反射率。而且现代相机中的测光元件比起以前的产品，在测光精度上提高很多，所以如大图所示，不用曝光补偿即可准确曝光。所以针对特定的物体，仅靠自动曝光一样能实现准确的曝光。在光圈的选择上主要考虑到远景中的树木须清晰还原，所以将光圈缩小到F16。而为了获得大景深，就只好不在乎衍射了。在这种大晴天的日子里，白平衡当然首选日光模式了。只要是想得到自然的色彩还原，一般在晴天的条件下选择日光模式都是没错的。

让我们再来看一下这张小图，在曝光控制上特意进行了+1EV的加光补偿，为的是让画面完全变成亮调，看起来很像是白昼中的梦境一般，脱离了风景本来的面貌。可以看出，大胆极致地调整画面亮度，的确会带来意想不到的视觉感受。

色温设定……**日光**

▲

曝光补偿……**±0EV**

-3 -2 -1 0 +1 +2 +3

▲

73

景物中含有水面反光
或在逆光状态下
画面的通透感更强

想要突出画面的通透感
应控制曝光量不能过亮

这是一张标准的能体现出湖光山色的风景照片，湖面上反射阳光所形成的区域呈现出一片波光粼粼的景象。由于拍摄位置处于逆光的照射下，而耀眼的光线恰好被头上的枝叶所遮挡，透射过来的直射光线变成了柔和的散射光线，同时也把黄色的叶子照亮照透了，为画面增添了几分秋季的成熟感。在这种情况下，无须考虑用曝光补偿去调节画面亮度，现场本身的光效是最真实且自然的。虽然再增加些亮度可以获得更多的枝叶细节，可是目前的画面亮度反倒更有利于体现画面的反差与层次感，而且通过画面似乎能给观者带来更多秋天的意境。所以说目前的效果刚刚好，无论将画面再调亮还是调暗，对比度不足时难以实现现有的通透感，想要突出这种空气通透的感觉画面不能过亮。

另外，背景中的山脉距离很远，为了突出画面的纵深感，应采用超焦距来实现最大的景深。当然收缩光圈是必要的操作，但是超广角镜头本身就能实现更小的景深，所以在 F11 时即可实现超焦距摄影。

拍摄当天的天气晴好，于是把白平衡设定为日光模式。一般在拍摄晴天下的风景照片时，白平衡首选日光模式最为可靠。

色温设定……**日光**

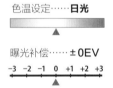

曝光补偿……**±0EV**

-3 -2 -1 0 +1 +2 +3

10-22mm（16mm），光圈优先 AE（F11，1/60秒），ISO：100，WB：日光

74

开启曝光补偿包围功能后
可有效抑制曝光过度

还原白色时既要加光补偿
又要防止"死白"的出现

站在水流湍急的瀑布之下拍摄，由于水势猛烈，脚下都激起了阵阵水雾。而快门时机恰好是在头顶上方有大块白云飘过的时候，可获得构图上的色彩呼应。对于这种气势宏大的瀑布来说，不可能采用拍小溪时的慢速快门，而是调整快门速度来凝固住飞流直下的水花，这样有利于突出瀑布的震撼力。由于在大晴天里顺光拍摄，所以感光度在 ISO200 以下为好。而测光的结果显示光圈在 F11 时与之对应的快门速度达到了 1/400 秒，这样便可以保证在低感光度下能实现很快的快门速度来拍摄。但是还有一点不得不考虑的事便是曝光过度的可能，因为晴天顺光条件下，拍摄白色的水花出现"死白"的可能性最大。于是便想到开启曝光补偿包围功能多拍几张，这样就可以做到既进行了加光补偿，又能防止"死白"的出现，而目标当然是获得最美的水花效果。

本片的难点在于晴天、顺光时拍摄白色的主体瀑布，自动曝光势必会形成曝光不足，那样白色会看起来发灰发暗，所以只有加光补偿才能再现真实的水花。经实拍测试，在 +1EV 的加光补偿下能达到均衡的状态，即瀑布与天上的云朵都能够显现出正常的白色。通过本照片可以得出以下结论，那就是开启曝光补偿包围功能，可以帮助确定适合的曝光补偿量。

8-270mm（52.8mm），光圈优先 AE（F11，1/400 秒），ISO：200，WB：日光，+1EV

色温设定……**日光**

▲

曝光补偿……**±1EV**

-3　-2　-1　0　+1　+2　+3

▲

75

对于对比度大的场景
使用减光补偿效果更佳

色温设定……**日光**

曝光补偿……**−0.7EV**

−3 −2 −1 0 +1 +2 +3

机内的测光元件容易受画面中暗部区域的影响

图中的场景是一处平缓地带的溪流，清澈见底的水面上映现出大树的倒影，被浓浓的绿色所包围。从这些特征中可以判断出，这是处于盛夏之中的景色。而慢速快门的应用恰好可以把水流的特征与水中的倒影相结合，形成一幅美妙的图画。

由于溪流上方可以受到阳光的照射，所以水流的区域并不十分昏暗。尤其是画面左上角位置的光照效果很强，碎石中有一小部分甚至出现了"死白"的现象。对于这种场景来说，可以开启包围曝光功能，以防止出现曝光过度的情况。另外，因为需要使用慢速快门，所以把感光度降低到 ISO200。在此基础上为了强调减光作用，特意使用了两片 PL 偏光镜组合来实现减光作用，这样才可以实现在 F16 光圈时达到 5 秒的曝光时间。

图中这处场景可以说亮度差异非常明显，整体上看偏暗的区域似乎更多些。这样在自动曝光时很容易出现过亮的情况。于是便特意启用了 −0.7EV 的减光补偿来平衡画面。对于这类偏暗的画面而言，机内测光元件容易受暗部区域的影响，所以请大家谨记：越是看起来偏暗的画面，越应该使用减光补偿。

18-270mm（80mm），光圈优先 AE（F16，5 秒），ISO：200，WB：日光，−0.7EV

重点在于照片中要体现出白云本来的白色

76

盛夏之际天空中 大块云团的白色还原 取决于曝光补偿量

夏日的午后，山坡的后方涌出了大块的云团，其体积之大远远超出了人们的想象，这种气势是相当富有震撼力的。于是就考虑到可以以云团为主题拍下这难得的场面。基于此种设想，在构图设计时便特意把云团放在画面中央最主要的位置上，其面积占到了画面的三分之二以上。

对于此类以表现白云为主题的照片来说，曝光控制是难点。因为白云本身是白色的，所以希望照片中也能如实反映出真实的白色。拍摄时采用了实时取景方式，同时采用对比侦测对焦方式进行对焦，并将对焦点作为点测光的测光点来使用。所谓对比侦测对焦，是指被摄物的成像映射在影像传感器上时，随着镜头焦点的移动，AF对焦机构会对影像中对比度较高的区域优先对焦。

拿这张图片来说，实际对焦点应该在画面中偏下方的树木上，这是因为偏黑的树木与后面白亮的云团形成了高对比度的区域。由于画面出现较亮与较暗两部分区域，而最终目的是为了突出云团本身的白色，所以采用了+1EV的加光补偿以确保白色还原。

作为摄影师来说，理应熟悉自己的相机设置以及测光方式与曝光特性，只有把这些都做到烂熟于心，才能轻松应对各种拍摄要求。

色温设定……**日光**

▲

曝光补偿……**+1EV**

-3　-2　-1　0　+1　+2　+3
▲

24-105mm（24mm），光圈优先AE（F8，1/500秒），ISO：200，WB：日光，+1EV

77

阴影模式下拍摄被夕阳笼罩的海景应增加橙红色调

16-50mm（24mm），光圈优先 AE（F8，1/4000 秒），
ISO：400，WB：阴影，-1.3EV

色温设定……**阴影**

曝光补偿……**-1.3EV**

-3 -2 -1 0 +1 +2 +3

使用阴影模式有利于表现日出日落时的壮观场景

　　每当夕阳西下，落日即将接近海平面的时刻，海面上斜阳的光芒让海水泛起阵阵金光，那日落的美景会让人们产生无限的遐思。为了强化这种日落的特殊氛围，于是将自动白平衡改成了阴影模式，旨在突出橙红色调。利用此种方法，针对夕阳位置较高、色调不够浓重的情况，只需将白平衡转为阴天模式或者阴影模式，便可以起到抑制青色调、增加橙红色调的作用，使夕阳的色调看起来更加鲜艳。

　　本照片的构图中，海岛与礁石占了近一半的比例，而且基本上处在阴影位置，这样一来，自动曝光很容易导致曝光过度。为了还原现场的光影效果，最终作出 -1.3EV 的减光补偿，使画面整体暗了下来，这与拍摄之初的构想基本吻合。

78

还原空气通透的场景日光模式比自动模式更好

将自动模式改为日光模式后可抑制红色调的影响

　　虽然构图时取景器只是对准了水面，但是夏日的晴空与白云依然映现其中，水草在碧波荡漾中与微风共舞，形成了一幅富于情调的夏日风情画。由于倒影中的蓝天白云属于较亮的物体，为了得到正常的亮度还原，进行了 +1EV 的加光补偿，这样画面的亮度基本接近于现场效果。拍摄之初，白平衡设定为自动模式，然而为了让画面多些青色调的清爽感，便在后期RAW 处理时将自动模式改为日光模式。这样一来，可有效地抑制红色调的产生，从而实现理想的色调。

　　对于此类临时抓拍的题材来说，应养成使用 RAW 格式的习惯，这样便于进行各种后期处理。不仅可以轻松实现一些设置的变更，更重要的是不用担心因后期处理而影响原片的画质。

色温设定……**日光**

曝光补偿……**+1EV**

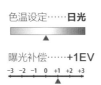

-3 -2 -1 0 +1 +2 +3

14-150mm（104mm），程序式 AE（F9，1/320 秒），
ISO：200，WB：日光，+1EV

79

明快通透的大场景 采用加光补偿更加 符合肉眼观察的感觉

16-35mm（16mm），光圈优先 AE（F16, 1/125 秒），
ISO：100, WB：日光，+0.3EV

色温设定……**日光**

曝光补偿……**+0.3EV**
-3 -2 -1 0 +1 +2 +3

占据画面大半的海滩砂石 属于较亮的被摄对象

图中的海滩上没有细细的白沙，有的却是散碎的石块，这些由礁岩的碎块形成的海滩确实是难得一见的海岸风景。本片利用广角镜头的大景深，把眼前的碎石块一直延伸到远方，连同成群的岛礁都清晰地记录下来，这无疑是发挥了超焦距的功效。而光圈则被调至 F16，至于对焦点则位于画面的下三分之一位置。因为光圈的收缩使得画面整体都得到了较高的清晰度。

对于眼前这片浅色的碎石块来说，容易被相机认知为较亮物体，这样测光的结果会导致生成较暗的成像，所以为了达到接近肉眼观察的结果，采用了 +0.3EV 的加光补偿来校正画面的亮度。

80

通过光线与被摄对象的特性 来判断曝光补偿量

12-60mm（24mm），光圈优先 AE（F11, 1/320 秒），
ISO：200, WB：5000K，+0.7EV

色温设定……**5000K**

曝光补偿……**+0.7EV**
-3 -2 -1 0 +1 +2 +3

预测移动物体的亮度 提前判断曝光补偿量

在沙滩上驻足观察海浪的形态，以便抓住海浪冲向岸边的精彩瞬间。由于拍摄时的天气是阴天，所以总体上光质较平，这样冲上岸的浪花呈现出较均匀的白色。在抓拍浪花拍打脚下的情景时，不仅要抓住浪花散开的形态，更要在曝光上控制好。由于浪花呈大面积白色，自动曝光时往往会曝光不足，根据这一特性，在拍摄时就进行了 +0.7EV 的加光补偿。这样就不必再为曝光量而担心了，只需专心留意每次海浪冲上岸的形态。

本来在拍摄时白平衡选择了日光模式，后来又觉得这样不足以表现海水的青色调，于是在 RAW 处理时将白平衡调至 5000K，这样看起来更符合海水的色调。

81

选用日光模式
更能突出冰天雪地里那种刺骨的寒意

以表现寒冷为主题的画面
应尽量抑制暖色调的产生

在严冬的季节里，陡峭的山崖边堆满了雪水冻成的冰柱，从而形成了特有的冰瀑景象，看到此景时不由得想起了"冰冻三尺非一日之寒"的谚语。冬日的晴天万里无云，拍摄的时间已近正午，所以太阳光几乎是从上而下垂直照射。而冰瀑的位置恰好处在山谷之间，所以树木的遮挡使部分冰瀑都处在阴影之中，从而形成了强烈的亮度反差。

画面整体之所以显露出庞大的气势，首先在于冰瀑的规模造成的临场感，而且蓝天与干枯的树木更加明确了寒冬的特性。将光圈缩小至F11，使画面各处的细节都得到了清晰地展现。对于小画幅数码相机而言，F11的光圈下基本上可以实现超焦距拍摄的效果。

为了尽量符合寒冷感的表现，选择了日光白平衡模式。正是由于选择了日光模式，可以有效地抑制肉眼可见的红黄色调的影响，这样在遇到阴影中的物体时就会在成像中显露出偏青偏蓝的色调，而这也正好适合表现冬季的题材，特别是使冰天雪地中冰瀑的寒冷感得到了强调。

对比旁边的小图，我们不难发现，当白平衡为自动模式时，白色的色彩还原还是比较准确的，画面基本上与肉眼观察的一致。即使如此，也不要觉得自动模式就是万能的。就拿眼前的冰瀑题材来说，很明显偏青偏蓝的色调比起原来的色调更加富于表现力。

7-14mm（14mm），光圈优先AE（F11，1/125秒），ISO：200，WB：自动

曝光补偿……±0EV

-3 -2 -1 0 +1 +2 +3
▲

▲这张照片是用自动白平衡模式拍摄的。从画面中可以看出白色物体的色彩还原正常。即使是处在阴影之中的冰瀑也没有呈现寒冷的蓝调。这样画面会缺少一股寒冷的空气感，同时冰瀑的质感表现力也显得很弱。

色温设定……**日光**

▲

曝光补偿……±0EV

-3 -2 -1 0 +1 +2 +3
▲

7-14mm（14mm），光圈优先 AE（F11，1/125 秒），ISO：200，WB：日光

82

想要细致地再现冰锥的晶莹剔透感冷色调最为适合

通过冰雕近景的画面来传达严冬的寒意

日落时分，湖面上横插着树的枝干，由于湖水的冲击，水花从圆木滚落的一侧形成了一排大大小小的冰锥，于是用长焦镜头把冰锥的形态完整地记录了下来。通过对水花成冰的记录，可以表现严冬季节的特性。正是因为冰锥的现象是冬季里特有的，所以虽然构图只是截取了冰锥的局部，反而更有利于表现出寒冷的特性。既然冰锥是主体，那么它的色彩还原无疑是最重要的，由于本身是冰凉的主体，无论如何在色彩还原中都不能出现暖色。拍摄之初白平衡设定为日光模式，并以 RAW 格式记录下来。最后在 RAW 后期处理时觉得有必要再增加些青色调，于是最终手动设定色温值为3000K，目的是加强青色调的比例，使画面显露更加冰冷的感觉。

对于表现严冬的题材来讲，被摄主体的清晰度越高，表现力则越强。而选定光圈 F11 的作用在于最大限度地提高锐度，以及增加景深范围。由于使用长焦镜头拍摄，所以画面中除了主体以外，背景中还会有虚化的地方，好在影响不太大，水流的质感还是很强的。

色温设定……3000K

曝光补偿……±0EV

-3　-2　-1　0　+1　+2　+3

70-200mm（127mm），光圈优先 AE（F11, 1/320 秒），ISO: 200，WB: 3000K

熟悉手中照相机的测光与曝光倾向是首要任务

在严寒的环境当中，把漫天飞舞的雪花摄入画面，恐怕是每位风光摄影师都十分向往的一件事。想要拍好这样的照片，独特的视角是拍摄成功的前提，如何将风景与雪花同时收入画面，需要摄影师下功夫思考。而仰角拍摄可以把太阳光以及雪花纷纷飘落的状态尽收眼底。但是全逆光拍摄时机内测光系统会因太阳过亮而将曝光减少，这样会导致画面整体偏暗。

考虑到构图内还包含大量的树木，树枝上几乎都挂满了冰雪，所以这样的画面最适合用多区分割测光来测出一个平均值。这样，即使在画面里包含了太阳的存在，也可以获得正常的曝光值。如果不必担心曝光值的问题，便可以安心于取景与构图了。当然，也就无须考虑曝光补偿了。

面对这种场景，利用超焦距来控制景深是最佳方法，将光圈调至F16即可实现。即使采用这么小的光圈，在大晴天的室外拍摄也完全不必担心快门速度不够快的问题，从画面来看，这样的快门速度记录雪花飞舞的姿态还是很合适的。

83

拍摄雪花飞舞的场景
应先确定视角
再决定曝光量

色温设定……**日光**

曝光补偿……**±0EV**

-3　-2　-1　0　+1　+2　+3

16-50mm（27mm），光圈优先AE（F16，1/250秒），ISO：100，WB：日光

人像摄影需要摄影师对曝光量提前做出判断

　　曝光控制对于摄影师而言永远是值得探究的东西。而"曝光正常"这个概念的决定权其实就在摄影师自身，可以说凡是符合摄影师创作意图的作品，都应被认可为"曝光正常"的范畴。换句话说，凡是不符合作者创作意图的作品，便不属于"曝光正常"之列。所以对于摄影师来说，"曝光量是否符合创意"成为评判作品好坏的标尺。很显然，想要达到上述要求，对于每位摄影师来说都没有捷径，只有靠多拍多练才能积累相应的技巧。而我自己的习惯则是使用独立测光表来测光。尤其是经过多年的胶片拍摄，已经非常习惯使用外置测光表了，实践证明，它的可靠性是令人放心的。当然，不能否认，现代单反相机的内测光系统已经相当发达，这对于抓拍模特的瞬间变化来说绝对是更加方便的。

人像摄影中的肤色还原永远是第一要素

　　特别是针对女性人像摄影而言，"肤色还原永远是第一要素"，构图设计、氛围设计等其他因素，也始终是为这第一要素服务的。对于数码摄影来说，白平衡的调整会对人像摄影提供多元化的美化方案，而且数码成像即拍即显，后期还可以轻松地在电脑上进行各项修正，相对于胶片时代，数码时代可以让摄影这种工作充满更多乐趣。

萩原和幸

曝光与白平衡
100 法

84-100

Kazuyuki Hagiwara / photographer No. 4

84 人物肖像中理想的肤色应包含面部较暗的色调

侧光可使模特面部呈现出自然的高光与阴影区域

如果想突出人物面部立体感的话，应该首选侧光光位。特别是针对男性肖像而言，几乎百分之百会用侧光来突出硬朗的感觉，其实女性肖像摄影也不乏采用侧光来表现立体感。所谓侧光是相对于正面光而言，指光源不在面部的正前方，而在左、右两侧方位。这样的光线照在面部，必然会形成高光区域（即亮部）和阴影区域（即暗部），而高光区域的方位则代表光源的方位。由于光源方位不同，面部受光区域中的高光区域与阴影区域的比例会产生很大变化，也就是说，不同的侧光可以给人像摄影带来多种多样的变化与视觉印象。而曝光量的控制取向可以偏向高光区域，也可以偏向阴影区域。

假如以高光区域为标准的话，就会导致阴影区域完全暗下去。以小图为例，高光区域与阴影区域形成了强烈的反差，使照片富于立体感。那么反过来，如果以阴影区域作为曝光标准的话，便会形成高光区域过亮的结果，这样便会得到整体偏亮的画面。大图便是这样的例子，对于这样偏亮的画面而言，重点要防止高光区域的皮肤出现大面积曝光过度，同时还要保持暗部区域的皮肤也能得到正常的色彩还原。使用独立测光表的技巧是，以模特鼻梁偏右的阴影位置作为测光点，这样测得的结果不至于偏暗，也不会偏亮。通过两张照片比较，我们不难发现，测光点的位置不同，便会直接导致画面呈现出不同的效果。

50mm（50mm），光圈优先 AE（F2.5，1/500 秒），ISO：200，WB：日光，模特：沟口惠，使用点测光

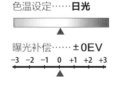

色温设定……**日光**

曝光补偿……**±0EV**

-3 -2 -1 0 +1 +2 +3

▲ 这张照片是以点测光方式自动曝光而成，测光点选在模特左脸颊的高光位置上。而大照片则是将测光点选在了阴影位置上。两张照片虽然都呈现出立体感，可是画面的反差却形成了完全不同的表现。

105mm（105mm），手动曝光（F2.8，1/320 秒），ISO：200，WB：自动，模特：果夏，使用独立测光表

85

逆光下的人物肖像
应以面部曝光为准
以防出现曝光不足

使用点测光方式
只针对模特的面部测光

逆光拍摄应该说是女性人像摄影中最常用的方法之一。其主要特征是模特的头发与服装常常会因逆光的照射而形成光边，使人像的立体感更加突出，从而最受模特们的喜爱。其中最为常见的当属纯逆光状态，即模特背对太阳，阳光会从模特背面照射过来。由于受太阳的影响，如果直接这样拍，势必会形成曝光不足的画面。而解决方法是尽量不让太阳直接出现在画面里。这张大图便是躲开太阳后的构图效果，这样既躲开了太阳的直射，又保留了逆光状态下的高亮背景。

让我们再来看看这张小图，模特后面的背景中有白色的栏杆，在自动曝光时会受到影响使画面变暗。同理，背景中有白墙或浅色墙纸时也会出现这种情况。其实，不管背景怎么不好处理，我们只需保证让模特的面部得到适合的曝光就达到目的了，其解决方法便是让测光点始终不离模特面部，这样曝光值将不会受到背景等其他因素的影响，只要启用测光模式中的点测光，并把测光点对准模特的面部区域即可。

而对于现场的白平衡控制来说，逆光状态下容易产生一些偏色现象，有些反射光线会影响到模特的肤色还原。在一般情况下使用自动白平衡模式即可，如果出现偏色现象时，可用 18% 灰卡重新测试后再手动对色温值做出适度的调整。

曝光补偿……± 0EV

-3　-2　-1　0　+1　+2　+3

70-200mm（180mm），光圈优先 AE（F2.8，1/640 秒），
ISO：200，WB：日光，模特：果夏

▲这张照片的背景里包括白色的栏杆，对于自动曝光而言，会得出跟顺光拍摄相同的测光值，那样会造成模特面部曝光不足。换成点测光后，测光值将以模特面部亮度为基准，不会受到背景的亮度影响，从而让模特得到适合的曝光。

色温设定……日光

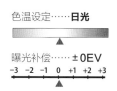

曝光补偿……± 0EV

-3　-2　-1　0　+1　+2　+3

70-200mm（200mm），手动曝光（F3.2，1/400 秒），ISO：400，WB：手动，模特：沟口惠

86

在混合光源下拍人像时
以主光源的性质
来确定白平衡模式

色温设定……**日光**

除了确定光源性质外
还要观察模特的朝向与位置

当画面中有多处光源同时存在时，便可称之为混合光源。在这种条件下，如果选择了自动白平衡模式的话，最终照片的色调多半会出现不尽如人意的结果。所以凡是遇到此类情况时，就应该以其中的主要光源的性质来确定白平衡模式。以本照片为例，画面的左侧是窗户，这样模特面部的光线主要来自窗外的自然光。而画面右侧中推拉门方向的光源是钨丝灯，两种光源合成为混合光源。

下面再来看看模特的朝向与位置，不难发现，模特的位置靠窗户这一边，而脸的朝向也是面向窗外，所以模特接收到的主光源就是自然光。这样在此位置上用18%的灰卡手动测定色温，便可以得到准确的白平衡。在此基础上，如果测光点放在模特的左侧脸颊处，右侧脸颊会变成阴影区域，使照片整体呈现出一种暗调的效果。所以为避免面部过暗，用独立测光表测出鼻尖位置的读数，并以此为依据完成了曝光，而最终的画面达到了理想的光效。

50mm（50mm），手动曝光（F2.5，1/40秒），ISO：800，WB：日光，模特：沟口惠，使用独立测光表

钨丝灯作主光源有利于衬托模特的娇美

$$87$$

钨丝灯是我们日常生活中最为常见的电灯泡，它的特色是色温值很低，而且发出的光偏红偏黄。所以钨丝灯下得到的色彩还原都偏于暖色系的色调，在这种光源下往往会得到十分柔美的画面。本图便是利用了这种光源的特性，把模特安排在钨丝灯的旁边，以求画面中的美女人像呈现出更加娇美的姿态。由于模特配合很到位，在这种光效中演绎出了一种充满诱惑力的娇艳之美，而这些都从模特的眼神里可以读出。对于白平衡的设定，如果是自动白平衡的话会对红色调做出修正，于是就采用了日光模式。在该模式下，钨丝灯本来的色温值大约为3200K，如果不做调整的话，画面中便会充满橙红色调。最终还是在后期RAW处理时又将色温值拉高，这样看起来就不那么夸张了。

钨丝灯的光效在画面越暗时越明显，所以把画面提亮是必需的。而且色温值的调整使橙红色调减轻，这样的画面即使暗些，看起来也会觉得更接近钨丝灯的光效。本片采用多区分割测光方式，并特意进行了 -0.3EV 的减光补偿。这种偏暗的场景似乎加强了"娇美"的氛围。

日光模式下生成的暖色调最适合渲染柔美的情调

色温设定……4300K

曝光补偿……-0.3EV

-3　-2　-1　0　+1　+2　+3

50mm（50mm），光圈优先 AE（F3.5，1/40秒），ISO：200，WB：4300K，-0.3EV，模特：果夏，使用多区分割测光

88

自然光下拍人像时采用自动或日光模式均可展现出完美的肤色

24-70mm（36mm），手动曝光（F2.8，1/1600秒），ISO：400，WB：日光，模特：果夏，使用独立测光表

选择日光模式是由太阳光的稳定性所决定的

对于人像摄影来说，在自然光的条件下拍摄的几率恐怕是最高的。太阳光也是造就摄影术最为标准的光源所在。所以在室外拍摄时一般都推荐使用日光模式作为白平衡的基准。应该说在日光模式下的色彩还原是最接近人们用肉眼观察时的感觉。在这种模式下，早晨与黄昏时段都会呈现出橙黄的色调，而遇上雨天或阴天时，所有物体又都会蒙上一层发灰发青的色调。

而人像摄影中的肤色，也只有在太阳光下才能够得到最真实的色彩还原。假若赶上万里无云的大晴天时，太阳光是非常稳定的光源，所以白平衡选择日光模式是最适合的。但是，如果遇上多云天气，或者时晴时阴的天气时，使用自动白平衡就可以更加放心，基本上能保证在拍片过程中能得到正常的肤色还原。用自动白平衡也没有问题，只要事先选择 RAW 格式就可以方便在后期处理时再做调整。

至于曝光控制则使用独立测光表，根据测光读数来进行曝光即可。即使是模特在拍摄过程中有较大的移位或走动，只要提前对脸部测得测光值，整个过程中曝光值应该不会产生太大变化。但是如果以活动的方式为主的话，曝光量就有必要在测光值的基础上做些加光处理。

色温设定……**日光**

89

室内人像选择日光模式有利于还原模特的肤色及服装的质感

色温设定……**日光**

曝光补偿……**+0.3EV**

-3 -2 -1 0 +1 +2 +3

白平衡模式的选择
应根据室内主光源的性质来决定

　　室内摄影会受场地、位置、光线等多重因素的影响，其应对方案也是多种多样的。比如让模特靠近玻璃窗的话，所接受的自然光的比例就很大，而在没有外部光线进入的情况下，室内可以用荧光灯或钨丝灯来照明，总之会遇到多种情况。对于人像摄影来讲，肤色的质感表现是尤其重要的，而想要得到理想的肤色还原，首要任务是先确定主光源的性质。以本照片为例，拍摄场地选择了传统日式旅馆中的"和室"，其主光源是从窗外射入的自然光。房间的环境属整体木质结构，包括"榻榻米"都是典型的草木本色。拍摄时用反光板把光线折射到模特脸上，这种主光源当然也算太阳光。这种情况下，白平衡首选日光模式或阴影模式。因为阴影模式下可能会使画面保留更多的红色调，所以最终还是选择了日光模式。在该模式下，木板及草席都会显现出茶色，这对烘托环境特色很有帮助。

　　至于曝光量的控制，考虑到模特的面部会受到茶色反光的影响，所以有必要让皮肤的亮度再提高一些。当然，如果画面过亮会减弱这种怀旧的氛围，最终只进行了 +0.3EV 的加光补偿，这样模特的肤色还原以及服装的质感表现会更加符合拍摄的初衷。

24-70mm（45mm），光圈优先 AE（F3.5, 1/60秒），ISO: 400，WB: 日光，+0.3EV，模特: 沟口惠

90

在平光条件下无须曝光补偿
即可捕捉到模特自然的神态

如果遇上平光的环境
不必考虑补光的问题

一般来说，平光的条件不太适合进行人像摄影。为什么这么说呢？因为比较而言，侧光条件下虽然会产生阴影，但是却可以表现出立体感，而逆光条件下可以勾出轮廓以表现层次感。所以说平光条件不会产生更多的效果，那么拍人像时就不能过多地在用光上做文章了，想要拍好模特就只能在动作、表情上多下功夫啦。

如果赶上薄云遮日，云层不太厚的情况，即使在宽敞的室内环境中，只要四面墙壁不太黑的话，室内的光线一样会形成漫散射状态。这时拍模特同样会达到平光的光效，从整体构图上看，明暗过渡与层次渐变效果都应该很好。所以在平光的环境中完全不必考虑用反光板等辅助道具来补光的问题。

本图就是在这种光效下拍摄的。薄云遮日下的光线非常柔和，光线很均匀地将模特包围起来，所以根本不必去考虑曝光补偿的问题。当然更不用反光板来补光，因为在使用反光板时模特不能自如地活动。没有反光板限制时，模特转身转头都将变得轻松自然。而平光下模特的移动对曝光量的影响也不大，所以摄影师可以随心地调动模特的表演。本片中白平衡仍然选择了日光模式，有利于还原现场的氛围。正因为没有主光位置，光质也很平和，相比自动模式还是推荐大家直接使用日光模式。

70-200mm（168mm），光圈优先 AE（F3.2，1/640 秒），ISO：400，
WB：日光，模特：沟口惠

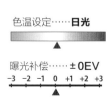

色温设定……**日光**

曝光补偿……**±0EV**

-3 -2 -1 0 +1 +2 +3

91

选择在窗户边拍人像时应尽量减少室内外曝光量的差异

室外景物与模特的曝光量是控制画面亮度的关键

纵览众多的人像摄影作品，让模特靠在窗边的镜头非常多见，可以说是人像题材里最常用的表现手段之一。但是想拍好这样的照片并不容易，其难点在于曝光控制上。比如模特在室内拍摄时，如果曝光以室内环境为基准的话，室外可能就会曝光过度，白成一片。反过来，如果以室外的亮度为准曝光时，其结果是在室内的模特可能会完全处在阴影之中。这种室内与室外的实际亮度之差，在照片中表现出的差异远高于人眼的观察。所以想要拍好此类题材，必须解决好模特与室内、室外曝光量的差异。其处理方法包括用反光板为模特补光或直接用闪光灯照向模特。

本照片采用了反光板补光的办法对模特面部实施加光处理。与此同时，再用独立测光表对模特的面部进行测光。但是如果以此数据曝光，势必会引起曝光过度，那样的话，窗外的风景就显示不出来了。为了保留室外的风景，于是对模特的亮度进行了 -0.7—1EV 的处理，最终的画面在模特、室内环境与室外风景间获得了平衡。

色温设定……**阴天**

24-70mm（51mm），手动曝光（F3.5，1/30秒），ISO：200，WB：阴天，模特：果夏，使用独立测光表

92

在钨丝灯照明下选择白炽灯模式
让肤色还原更加自然

根据对画面效果的设想来调整白平衡模式

　　无论是白炽灯还是钨丝灯，从光质上看二者都有共同的特性，即光质比较柔和，光线的扩散效果好。对于人像摄影来说其光质会对模特产生一种包围感。但是钨丝灯的色温值比较低，除非对它进行特殊的蓝色校正，否则在自动白平衡模式下会呈现出一种发红的偏色现象。可能对于追求暖色调人像的场合是恰到好处的，但对于多数情况下，想正常还原模特肤色时，推荐大家改为白炽灯模式效果会更好。

　　在此以两张例图来说明一下，大图的白平衡是白炽灯模式，而小图采用的是日光模式。很明显，在日光模式下，照片会更加偏红偏黄，再加上钨丝灯的照射使模特面部偏色更重。当然，如果是追求这种效果的话的确会产生独特的氛围，但是对于单纯强调肤色还原的话，显然这样的结果是不能接受的。

　　其实改用白炽灯模式后便可以一改上述弊病，可以得到更加理想的肤色还原。白炽灯的光质比钨丝灯更软些，这对于表现皮肤的质感来说非常有利。但是在这种光效下对于曝光不足非常敏感，很容易产生色散现象，所以本片为了强调肤色特性做了 +0.3EV 的加光处理。在这里要特别提醒大家，对于肖像特写照片的肤色调整，一定要循序渐进，适度而行，以求得肤色的细嫩变化。

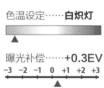

色温设定……**白炽灯**

曝光补偿……**+0.3EV**

　-3　-2　-1　　0　+1　+2　+3

85mm（85mm），光圈优先 AE（F3.2，1/50 秒），ISO：800，WB：白炽灯，+0.3EV，模特：果夏

▶这张照片的白平衡是日光模式，与白炽灯模式相比，很明显，模特面部的偏色更加严重，原因在于当钨丝灯靠近模特面部时会产生偏红偏黄的色调。

色温设定……**日光**

▲

曝光补偿……**+0.3EV**

-3　-2　-1　0　+1　+2　+3

▲

85mm（85mm），光圈优先 AE（F3.2，1/50 秒），
ISO：800，WB：日光，+0.3EV，模特：果夏

93

当画面中有色彩干扰时
应手动调整白平衡来校正肤色还原

手动调整白平衡
对于纠正受色彩干扰的画面非常有效

我们在摄影创作过程中或多或少地都会遇到由于反光导致画面受色彩干扰的现象。其中最常见的例子便是，当人物蹲在草地上照相时会受到绿色的干扰，而靠在红砖墙边照相时，就会受到橘红色的干扰……可以说只要人们靠近大面积色块时，都会受到不同程度的色彩干扰。而人像摄影受到色彩干扰后，其肤色与脸色都会看起来怪怪的，这会严重影响人像作品的视觉传达，所以一旦遇到这种情况，就必须想办法将其纠正。如果在拍摄时只设定自动白平衡的话，相机在内部运算时不可能把色彩干扰的成分都算进去。在这种情况下，还是手动设定白平衡更为可靠。而手动白平衡的设定方法是把白纸或是专用的 18% 灰卡放在模特的面部位置，并让镜头对准它拍一张照片，然后以此数据为标准存入相机的手动设置中，在实拍时选中此手动模式便可实现准确的色彩还原。

例图中的大图便是在手动设置白平衡的基础上拍摄的。而作为对比，小图中的白平衡设定选择了自动模式。如果仔细观察不难发现，模特的脸色受到蓝色门板的色彩干扰十分严重，已经看不出本来的肤色了。再者，由于模特靠近门板，致使脸部一边变暗，所以为了提升脸部亮度，进行了 +0.3EV 的加光处理，而随着模特脸部的增亮，蓝色反光对脸部的影响也被放大了。

其实，使用灰卡测试白平衡数值的意义并不局限于对色彩干扰的纠正，通过手动设置可以获得更为准确的肤色还原，这才是更有意义的。同时让模特拿着灰卡或白纸这一动作，还可以起到与摄影师的互动与交流的目的。

曝光补偿……+0.3EV

-3　-2　-1　0　+1　+2　+3

24-70mm（53mm），光圈优先AE（F5，1/60秒），ISO：400，WB：手动，+0.3EV，模特：果夏

▶这张是未经修整过的原图。由于模特的位置紧靠着蓝色的门板，所以蓝色的反光会直接影响到模特的脸色还原。而这种现象在曝光不足的情况下会变得更加明显。

曝光补偿……+0.3EV

−3 −2 −1 0 +1 +2 +3

24-70mm（53mm），光圈优先AE（F5，1/60秒），ISO：400，WB：自动，+0.3EV，模特：果夏

94

为了突出顶光形成的轮廓光效果宜对画面做暗调处理

将画面调暗的同时还须留意模特的神态变化

所谓顶光，是指主光源位于模特的头顶上方位置，此类光效的特点是由上向下照射，可以为下方的模特罩上一层轮廓光，让模特产生一种向上浮起的感觉。这样在受光的一侧会形成明显的高光区域，即轮廓光的所在，而非受光面就会形成阴影区域，因此会形成具有立体感的光效特征。

拍摄本例图时使用了独立测光表，分别在两处进行测光。首先是模特胸前的高光区域，再就是贴近镜头方向的左侧脸颊。在综合了两处测光值之后，实际曝光值在此基础上减弱了大约0.7～1EV的光量，目的是为了突出顶光形成的那一道高光带。由于减弱了曝光，所以使整个画面变成暗调，这样会显得高光带更为突出，使模特的面部曲线完美地展现出来，把观者的视线也都吸引到此处。虽然整体处在暗调之中，但千万要注意不能出现"死黑"的区域，阴影中要保留相应的细节表现。在减光处理时一定要考虑到模特整体的表情与神态变化。

白平衡应以顶光的主光源的性质来决定。因为顶光的光效不只表现在高光带上，从高光带的模特侧面轮廓到阴影区域的模特面颊的范围之间，应形成一种光线的强弱过渡即渐变效果，会让模特的肤色看起来更加自然。由于顶光的成分是太阳光，所以白平衡要用日光模式。模特身处木造的"和室"之中，脸上及身上都笼罩了一层木质的茶色调，使画面更富于古典情调。

色温设定……**日光**

105mm（105mm），光圈优先AE（F3.5，1/125秒），ISO：400，WB：日光，模特：沟口惠，使用独立测光表

95

夜晚拍摄环境人像时
应以模特面部的主光作为曝光基准

50mm（50mm），手动曝光（F2.2，1/320秒），ISO：4000，WB：白炽灯，
模特：沟口惠，使用独立测光表

模特的面部保留阴影区域
会反映出真实的夜间光效

在以前的胶片时代，拍摄夜景人像时基本限于用闪光灯为人像打光的方式，而在如今的数码摄影时代，同样的场景下只需调高感光度，即便在只有路灯照明的情况下，也可以拍出高画质的夜景照片。当然，这里所说的"路灯照明"绝不限于街道的路灯，还包括广告牌、LED灯箱及商店的橱窗照明等夜晚常见的各种光源。这样在拍摄夜景人像时，事实上模特接受的是多种光源的混合光源。想要把模特的肤色拍得漂亮，就必须找到模特面部的主光源位置与光源性质，以便正确选择白平衡模式。

通过本例图可以看到，模特站在五光十色、流光溢彩的都市夜景之中，背景中点闪的各种光源在镜头的作用下化成了一片美丽的光点，而模特接收到的均属侧光，模特面部的主光源是画面左侧咖啡店发出的强光，店内的照明以碘钨灯为主，为此，白平衡选择了白炽灯模式。事实证明，在此模式下模特的脸色还原正常，很符合夜景光效下的特征。

测光环节依旧使用了独立测光表，而测光点则选在模特左脸颊中的高光区域。以模特脸部的高光为曝光基准的话，势必会造成一半脸颊处在阴影区域中，这样看起来反而比平光更加接近真实的情景。如果条件允许时，手动设定白平衡或许效果更好。而对于在喧闹的街上拍摄，可能更希望速战速决，所以最好提前预测好光源的状况以便快速设置。

色温设定⋯⋯**白炽灯**

96

在狭窄的地段拍人像时可让面部暗些以配合环境特征

曝光量的控制以模特与周围环境的平衡为标准

拍摄环境人像的要点在于要让模特与背景环境的曝光量达到协调一致，即二者之间形成一种相对平衡的亮度。但事实上如果从肉眼上判断，二者肯定会存在明显的亮度差异。除非在顺光条件下容易达到一致的效果，否则在其他光效下肯定会形成曝光侧重一方的现象，即模特的曝光量正常时背景可能不正常，反过来也可能背景正常了模特就曝光不正常了。

从本例图来看，这样的画面不同于一般的环境。拍摄地点位于一条狭窄的夹道之中，如果以模特的面部为曝光基点的话，那么背景中露出来的街道与树木就会因曝光过度而变成一片白。所以在这种情况下，就要求在模特与背景的曝光量上做到亮度的平衡。首先采用银面反光板对模特进行补光，目的就是人为减少二者间的亮度差异。但是要考虑到模特所处夹道的环境特点，即狭窄与昏暗的特性。那么模特在此环境下面部保留些阴影看起来会更加符合现场的光效，补光的区域也须从面部转向整体轮廓。这样一来，模特的亮度与背景的差异被控制在 1EV 左右。而最终的测光区域以模特的手臂为准并使用独立测光表测定。脸部与手臂的亮度差在 0.5EV 左右，这样脸部看起来就会暗些。

如果夹道两侧都是水泥墙的话，白平衡用自动模式是没问题的，但是受左侧的铁皮护栏上红油漆的影响，会给画面带来一些色彩干扰，最终的白平衡模式还是重新手动设定的。

24-70mm（70mm），手动曝光（F2.8，1/40秒），ISO：400，WB：手动，
模特：沟口惠，使用独立测光表

外拍闪光灯与手动设置白平衡是控制色调的两大法宝

外拍闪光灯因其小巧灵活，被很多摄影发烧友都冠以"小太阳"的称号，可以很方便地在任何场合下布光，这确实是一种实用性极高的布光方案。由于闪光灯的色温值与太阳光很接近（约5200K），所以在很多场合下可以用闪光灯来替代太阳光来使用，选择自动白平衡时即可获得很自然的色彩还原。不仅如此，"小太阳"还可以实现太阳光所达不到的光效。比如在闪光灯的灯头处加上各种颜色的滤色片，便可以实现通过闪光灯而发出不同颜色的光。以本照片为例，拍摄之前首先让相机对着橙色的纸张读取白平衡，然后再将补色的青色滤色片装在镜头上，与此同时，再将棕色滤色片蒙在闪光灯的灯头处，于是拍成了这种色调的照片。而这种效果也是在拍摄之前没有预料到的，照片中的色调看起来更像是海报照片的风格。画面的总体亮度比较高，看起来有一股青春的活力跃然于画面之上，而独特的色调更加营造出了想象中的梦幻感觉。

这张照片充分体现了光源带来的色调变化，方法虽简单却效果不俗。对于人像摄影来说，最重要的是模特的肤色还原始终应该与主题传达相匹配。

97

将白平衡手动设置成极端状态可以营造出梦幻般的色调

曝光补偿……±0EV

−3 −2 −1 0 +1 +2 +3

85mm（85mm），手动曝光（F1.6，1/25秒），ISO：100，WB：手动，模特：果夏，使用外拍闪光灯

98

荧光灯模式配合黄色的散景
有助于衬托肌肤的柔美

调整白平衡模式可以控制散景的色调变化

　　看到这张照片后大家不免都会猜测，那黄色散景到底是什么呢？其实是把模特安排在两朵黄花之间，再用长焦镜头来抓拍模特的近景，由于镜头焦距较长，使黄花完全虚化了，并且从画面左右两端呈包围之势，将模特护在中央，这有助于衬托模特的娇美。这张照片很好地利用了前景虚化的特征，即焦距越长，虚化越强，模特离前景越远，虚化越强，还有就是光圈越大，虚化越强。同时为了让画面看起来更加明快，进行了 +0.5EV 的加光补偿。曝光控制方面，应注意不要让前景的亮度超过主体，应该像本片这样亮度接近，以避免形成喧宾夺主的印象。

　　对于这种在画面中出现大面积黄色的情况来说，白平衡必定会对此造成较大的影响。本来最初拍摄时选择了自动白平衡，但该模式对黄色比较偏重，但对模特的肤色还原不利。接下来又尝试使用荧光灯模式，结果肤色还原基本达到了预想状态，同时黄色当中还出现了更多的暖色调，其实主光源是位于模特背面的自然光。当然，拍摄过程中还尝试比较了不同模式的特点。比如小图中就选择了白炽灯模式，由于互补色的关系，画面整体呈现出发青的色调，而黄色反倒显得沉闷。通过上述实例所得出的结论是，不要以为主光源是自然光就非要用日光模式，应综合考虑现场的光效以及背景、散景的色彩搭配是否合适，是否对模特的肤色还原有帮助，这样才能在众多白平衡模式中找到最合适的。

色温设定……**荧光灯**

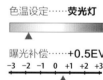

曝光补偿……**+0.5EV**

-3　-2　-1　0　+1　+2　+3

70-200mm（200mm），光圈优先 AE（F2.8，1/100 秒），ISO：400，WB：荧光灯，+0.5EV，模特：果夏

▶这张照片拍摄时的白平衡是白炽灯模式。受互补色关系的影响，画面整体都蒙上了一层偏青的色调，其中模特的肤色与背景中的黄色的色彩还原都不正常。

色温设定……**白炽灯**

曝光补偿……**+0.5EV**

-3　-2　-1　0　+1　+2　+3

70-200mm（200mm），光圈优先 AE（F2.8，1/100 秒），
ISO：400，WB：白炽灯，+0.5EV，模特：果夏

99

加光补偿对于小清新人像风格起到了决定性的作用

在加亮处理中应注意不要让模特的肌肤出现"死白"

现在拍摄青春时尚的女孩时流行着一种被称作小清新的人像摄影风格，这种明快亮丽的照片深受女孩们的喜爱。而画面的最大特征便是整体亮白甚至有些曝光过度。正是因为当画面加亮后，模特的肤色会显得更加白皙而通透，所以在曝光补偿时往往靠大幅度加光补偿的方法来实现。以此目的作为创作的主旨，只需大胆地进行加光补偿便可以让画面效果更接近理想的状态。

本照片便是在自动曝光值的基础上特意进行了 +2EV 的加光补偿，故意让画面呈现出过亮的效果。从画面效果来看，女孩儿的青春活力十足，整个人像似乎被强光所包围。当然 +2EV 的补偿量并不是固定不变的，判断标准来源于摄影师经验的积累。在对整体提亮过程中应以模特肌肤不出现"死白"现象为标准。

至于白平衡的设定，则主要取决于光位的情况，顺光条件下采用自动模式是没有问题的。假如换作阴影模式的话，肤色还原中便会渗入一些青色调进来。进行加光补偿后，由于模特肤色中缺少原本的黄色而更容易出现"死白"的现象。相比之下，自动模式下的肤色浓重些，更适合做加光处理。

曝光补偿……+2EV

−3 −2 −1 0 +1 +2 +3

50mm（50mm），光圈优先 AE（F2.5，1/1000 秒），ISO：200，WB：自动，+2EV，模特：果夏

将画面调暗的同时应避免模特的头发出现"死黑"现象

在拍摄女性人像时，即使位于昏暗的场所之中，同样可以表现出女性的魅力。在这种环境下拍摄的照片也通常被称为暗调摄影。本例图便是把拍摄场地选在室内的过道，而拍摄的初衷就是想通过暗调来表现出模特悠闲以及慵懒的感觉。对于这类照片而言，重点是防止出现不必要的"死黑"区域。本例图中人像部分则在自动曝光值的基础上进行了－2EV 的减光补偿。在减光处理的同时还要充分考虑到模特的肤色还原以及模特头发中"死黑"区域的控制，这便是暗调摄影中最难控制的几个重点内容。

其实在暗调照片中也有高光区域存在。高光区域与阴影区域是对立的，有对比才能显示出双方的存在。本例图中高光区域是位于画面左侧的窗外环境，从模特脸部轮廓线开始，画面右侧大部分都处在阴影区域中。而曝光控制则有意进行了－2EV 减光处理，就是为了让画面整体变成暗调影像，只保留很少的一块高光区域作为对比。

在设定白平衡模式时，考虑到窗外的主光源是自然光，所以开启了自动模式。其结果如图所示，因为画面内充满了实木的茶色调，就连阴影区域的层次也处处充满了暖色调。

100

减光补偿形成的暗调影像能表现出悠闲慵懒的感觉

曝光补偿……－2EV

-3 -2 -1 0 +1 +2 +3

50mm（50mm），光圈优先 AE（F2.8，1/80 秒），ISO：1600，WB：自动，－2EV，模特：沟口惠，使用多区分割测光

图书在版编目（ＣＩＰ）数据

曝光与白平衡100法 / 日本玄光社编著 ； 贾勃阳译
. -- 北京 ： 中国摄影出版社，2015.1
ISBN 978-7-5179-0243-0

Ⅰ. ①曝… Ⅱ. ①日… ②贾… Ⅲ. ①曝光②白平衡
Ⅳ. ①TB811②TB877

中国版本图书馆CIP数据核字(2015)第001898号

——

北京市版权局著作权合同登记章图字：01-2014-5270

Rosyutsu & White Balance Technique 100
Copyright ©2012 GENKOSHA CO.,LTD

曝光与白平衡 100 法

编　　著：玄光社
译　　者：贾勃阳
出 品 人：赵迎新
责任编辑：常爱平　谢建国
版权编辑：黎旭欢
装帧设计：衣　钏

出　　版：中国摄影出版社
　　　　　地址：北京市东城区东四十二条 48 号　　邮编：100007
　　　　　发行部：010-65136125　　65280977
　　　　　网址：www.cpph.com
　　　　　邮箱：distribution@cpph.com
印　　刷：天津图文方嘉印刷有限公司
开　　本：16 开
印　　张：9
字　　数：150 千字
版　　次：2015 年 1 月第 1 版
印　　次：2020 年 10 月第 1 次印刷
ISBN 978-7-5179-0243-0
定　　价：58.00 元